SAMMLUNG GÖSCHEN BAND 1144

# Festigkeitslehre

ERSTER BAND

**Elastizität, Plastizität und Festigkeit der Baustoffe und Bauteile**

Von

**Prof. Dr.-Ing. Dr. rer. techn. e. h. Willy Gehler**

und

**Dr.-Ing. habil. Wolfgang Herberg**
Privatdozent an der Technischen Hochschule Karlsruhe

Mit 118 Bildern

Durchgesehener und erweiterter Neudruck

Walter de Gruyter & Co.
vormals G. J. Göschen'sche Verlagshandlung · J. Guttentag, Verlagsbuchhandlung · Georg Reimer · Karl J. Trübner · Veit & Comp.
Berlin 1952

Archiv-Nr. 11 11 44
Druck von Walter de Gruyter & Co., Berlin W 35
Printed in Germany

# Inhaltsverzeichnis

## Schrifttum


1. Gehler, W., Anwendung des hochwertigen Baustahles im Eisenbetonbau. Vorbericht IIc des Internationalen Brückenkongresses, Berlin 1936. Ernst u. Sohn.
2. Gehler, W., Hypothesen und Grundlagen für das Schwinden und Kriechen von Beton. „Bautechnik" 1938, H. 30.
3. Memmler, Materialprüfungswesen, Sammlung Göschen Nr. 311 bis 313.
4. Hoyer, E., Der Stahlsaitenbeton. Otto Elsner Verlagsgesellschaft, Berlin-Wien-Leipzig 1939.
5. Gehler, W., Sicherheitsgrad und Beanspruchung. Bericht über die Internationale Tagung für Brückenbau in Wien. 1929, J. Springer.
6. Gehler, W., Festigkeit, Elastizität und Schwinden von Beton und Eisenbeton. Bericht des Internationalen Materialprüfungs-Kongresses in Zürich 1932.
7. Schwinning, W., u. Matthaes, K., Die Bedeutung der Kerbschlagprobe. Deutscher Verband für die Materialprüfung der Technik, Heft 78.
8. Dischinger, F., Untersuchungen über die Knicksicherheit, die elastische Verformung und das Kriechen des Betons bei Bogenbrücken. „Der Bauingenieur" 1937.
9. Wedler, Kristen, Herrmann, Brandversuche mit belastesten Eisenbetonbauteilen und Steineisendecken. Deutscher Ausschuß für Eisenbeton, Heft 89.
10. Gehler, W., Würfelfestigkeit und Säulenfestigkeit. „Der Bauingenieur" 1928.
11. Timoshenko-Lessells, Festigkeitslehre. J. Springer, Berlin 1928.
12. Weber, C., Die Lehre von der Verdrehungsfestigkeit. Forschungsheft Nr. 249 des V. D. I., 1921.
13. Mehrtens, Statik und Festigkeitslehre. Verlag von Wilhelm Engelmann, Leipzig 1909.
14. Mohr, O., Abhandlungen aus dem Gebiete der Technischen Mechanik. 3. Auflage. W. Ernst u. Sohn, Berlin 1928.
15. Spangenberg, H., Graphische Ermittlung der Normalspannungen in geraden Stäben nach einem einheitlichen Verfahren für homogene Querschnitte, für Querschnitte ohne Zugfestigkeit und für Eisenbetonquerschnitte. „Der Bauingenieur" 1925, H. 10.

# I. Grundbegriffe der Festigkeitslehre

A. Die Festigkeitslehre behandelt die Elastizität, Plastizität und die Festigkeit der Baustoffe, der Bauteile und ihrer Verbindungsmittel auf Grund elastostatischer Berechnungen und versuchsmäßiger Erkenntnisse. Die Elastostatik geht von einfachen, klassischen Hypothesen der Elastizitätslehre aus, die als erste Annäherung in der Regel praktisch hinreichend zutreffen, und wendet sodann die bekannten Mittel der Statik der bestimmten und unbestimmten Grundformen an. Solche grundlegende Hypothesen sind z. B. die Annahme der gleichmäßigen Spannungsverteilung beim mittig gezogenen oder gedrückten Stab und das Elastizitätsgesetz von Hooke (1665), sowie das Ebenbleiben der Querschnitte im gebogenen Balken nach Bernoulli und Navier (1826).

Die Baustoffeigenschaften werden durch die Kennziffern berücksichtigt, die hauptsächlich infolge der Forschungstätigkeit des deutschen Versuchswesens (seit Bauschinger und Bach 1880) in ihrer Mannigfaltigkeit erkannt und bestimmt worden sind. Diese Baustoff-Kennziffern sind aber nur selten praktisch unwandelbare Festwerte (wie z. B. die beiden einzigen Grundgrößen der Elastizität für Baustahl, nämlich das Elastizitätsmaß $E$ und die Querdehnungszahl $m$).

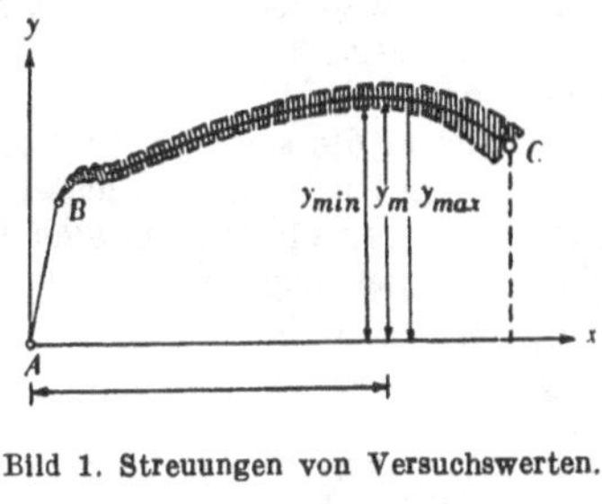

Bild 1. Streuungen von Versuchswerten.

Wären sie nur von einer Veränderlichen abhängig, so daß jedem Wert $x$ ein bestimmter Wert $y$ zugeordnet wäre, so bestünde ein eindeutiger funktioneller Zusammenhang $y = f(x)$, der nach Bild 1 durch eine einzige Linie $ABC$ dargestellt würde. Aber selbst bei dem vollkommensten von Menschenhand erzeugten Baustoff, dem Baustahl, nehmen wir

Streuungen, also Abweichungen vom Mittelwert bis etwa $\pm$ 7% infolge kleiner Unterschiede in der chemischen Zusammensetzung und beim Herstellungsverfahren in Kauf.

Daher schreiben wir mit Rücksicht auf die Sicherheit Mindestwerte der Kennziffern vor. Falls diese Kennziffern von mehreren Veränderlichen abhängen, sind diese Streuungen noch viel größer (wie z. B. bei der Würfel-Druckfestigkeit $y$ von Beton, die von etwa 4 verschiedenen Größen $x_1$ bis $x_4$ stark beeinflußt wird, siehe unter II, 13). Es handelt sich dann um einen nur korrelativen Zusammenhang zwischen $y$ und $x$. Bei genügender Zahl von Versuchen kann nach Gauß (1809) oder Galton (1888), dem Begründer der Korrelationslehre, der Grad der korrelativen Verwandtschaft statistisch genau berechnet und eine Unterteilung in primäre Einflüsse (z, B. $x_1$ und $x_2$) und sekundäre (z. B. $x_3$ und $x_4$) vorgenommen werden. Eine rechnerische Vorausbestimmung von $y$, bei der sämtliche Einflüsse $x_1$ bis $x_4$ genau bekannt sein müßten, scheidet dann praktisch aus, so daß nur die versuchsmäßige Feststellung (z. B. durch die bekannte Druckwürfel-Prüfung) übrig bleibt. Die praktischen Aufgaben des Bauwesens erfordern somit eine enge Verbindung von Festigkeitsberechnungen, grundlegenden Versuchen und Kontrollprüfungen.

Während die sogenannte mathematische Elastizitätslehre nur die rein elastischen Eigenschaften erfaßt, treten in Wirklichkeit zu den elastischen oder federnden Dehnungen $\varepsilon$ noch die bleibenden oder plastischen Dehnungen $\eta$ hinzu, so daß die gesamten Dehnungen

$$(1) \qquad \delta = \varepsilon + \eta$$

sind. Bei einem rein elastischen Vorgang kann in „umkehrbarer" Weise beim Entlasten die in Formänderungsarbeit umgesetzte Energie vollkommen wieder gewonnen werden. Treten dagegen plastische Verformungen auf, so geht der zugehörige Energieanteil verloren, genau so wie die in der Regel nicht gemessenen Energieanteile, die in Magnetismus, Elektrizität oder Wärme verwandelt werden und im Weltall verflüchtigen.

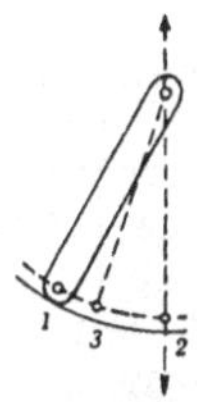


Bild 2. Gleichgewichtslagen eines Kristallites.

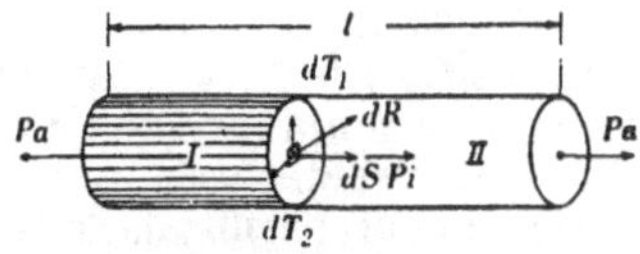


Bild 3. Kräfte im Schnitt eines gezogenen Stabes.

Durch ein Modell nach Bild 2 kann man veranschaulichen, wie ein Kristallit eines Stahlstabes aus der Gleichgewichtslage 1 durch eine äußere Kraft in die Gleichgewichtslage 2 gebracht und an seinem Fußpunkt eine innere Reibung erzeugt wird. Infolge dieses Energieverlustes geht er dann beim Entlasten nur bis zur Lage 3 zurück, so daß bleibende Verformungen entstehen.

B. Die drei Forderungen der Festigkeitslehre sind: die Körper dürfen unter der Nutzlast nicht brechen, sie dürfen ihre Form nur in zulässigen Grenzen ändern und sie sollen möglichst wirtschaftlich gestaltet sein.

Meßbar an einem belasteten Körper sind nur die Verschiebungen oder Verdrehungen, welche die Formänderungen beschreiben. Diese rufen in festen Körpern zwangsläufig innere Spannungen hervor. Zu jedem Spannungszustand gehört somit ein bestimmter Verformungszustand und umgekehrt.

Zur Bestimmung der inneren Kräfte oder Spannungen wird entweder die Kraftwirkung in dem Querschnitt eines Stabes oder die Gesamtheit der Kräfte betrachtet, die auf einen unendlichen kleinen Elementarkörper (sei es Würfel oder Kugel) wirken (Schnitt-Verfahren, Elementarkörper-Verfahren).

a) Schnitt-Verfahren. Auf einen Stab der Länge $l$ (Bild 3), der zunächst in Ruhe sei (Gleichgewichtszustand 1), mögen in der Zerreißmaschine zwei äußere Kräfte $P$ ausgeübt werden, die sich gegenseitig aufheben, also gleichgroß und entgegengesetzt gerichtet sind und in einer Geraden liegen. Diese Kräfte mögen von Null bis zu einem Endwert wachsen. Dann erleidet der Stab eine Verlängerung $\Delta l$ und kommt wiederum zur Ruhe (Gleichgewichtszustand 2). Denkt man sich den Stab durch einen beliebigen Schnitt getrennt, so müßten dann im Schnitt innere Kräfte $P_i$ wirken, die das Gleichgewicht für Stabteil I wieder herstellen, so daß allgemein die geometrische Summe der äußeren Kräfte ($P_a$) gleich der der inneren Kräfte ($P_i$) sein muß. (Geometrisch summiert heißt: nach dem Parallelogramm der Kräfte zusammengesetzt; im Gegensatz zu algebraisch summiert.)

Mit diesem gedanklichen Hilfsmittel führt man unser Problem auf eine einfache Aufgabe zurück und umgeht die Erörterung der bisher noch wenig erforschten Molekularkräfte, deren Vorhandensein aus einer Reihe von Beispielen hervorgeht (z. B. Spannungen beim Abkühlen gewalzter Träger oder geschweißter Stahlbauteile, sowie die Schwindspannungen im Beton). Man erfaßt dabei durch die Messung der Formänderung aber nur die Veränderungen zwischen den Gleichgewichtszuständen 1 und 2, ohne den Zustand 1 überhaupt zu kennen. Da diese Molekularkräfte von elementarer Gewalt sein können, sollen sie durch die Zusammensetzung des Baustoffes, durch das Erzeugungsverfahren und die Formgebung grundsätzlich möglichst klein gehalten werden.

Die schräge innere Kraft $dR$, die auf ein Flächenteilchen $dF$ des Schnittes in Bild 3 wirkt, kann nach den 3 Koordinatenachsen $x, y, z$ in drei Seitenkräfte zerlegt werden und zwar in die Normalkraft $dS$ und die beiden Schubkräfte $dT_1$ und $dT_2$. Teilt man diese Kräfte durch $dF$, so erhält man die sogenannten Spannungen (in kg/cm²), also rechtwinklig zu $dF$ die Normalspannungen (Zug positiv oder Druck negativ) $\sigma = \frac{dS}{dF}$ und die Schubspannungen, die die rechnerischen Grundgrößen der Festigkeitslehre bilden

$$\tau_1 = \frac{dT_1}{dF} \quad \text{und} \quad \tau_2 = \frac{dT_2}{dF}\,.$$

b) Elementarwürfel-Verfahren. Bei einem unendlich kleinen Würfel der Seitenlänge $dx$ mit dem Schwerpunkt $m$ stellen die sämtlichen an seiner Oberfläche wirkenden

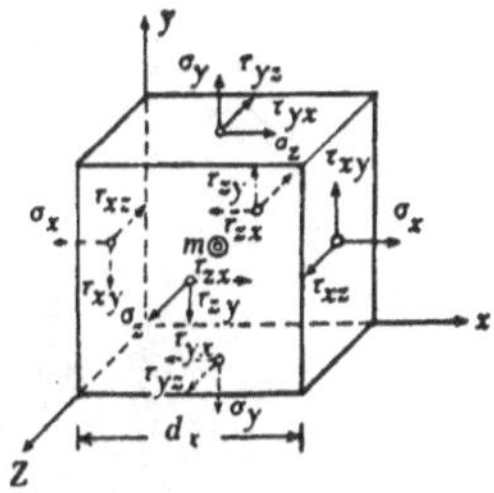

Bild 4. Die 18 Spannungen am Elementarwürfel.

$6 \cdot 3 = 18$ Spannungen $\sigma$ und $\tau$ den Spannungszustand des materiellen Punktes $m$ dar (Bild 4).

Zunächst sind parallel zu den Koordinatenachsen die Normalspannungen $\sigma_x$, $\sigma_y$, $\sigma_z$ vorhanden und heben sich jeweils in den einander gegenüberliegenden Flächen auf. Sodann gehören zu jedem $\sigma$ zwei Schubspannungen ($\tau_1$ und $\tau_2$), die hier durch einen Doppelzeiger bezeichnet werden. Bei $\tau_{xz}$ z. B. gibt der erste Zeiger $x$ an, zu welcher Normalspannung (hier $\sigma_x$) $\tau$ gehört und der zweite Zeiger $z$ zu welcher Koordinatenachse $\tau$ parallel läuft.

Aus diesen Betrachtungen am Elementarwürfel oder -quader werden später die allgemeinen Beziehungen zwischen Spannungen und Formänderungen abgeleitet, die zur Berechnung der Spannungen bei den verschiedenen Fällen der Festigkeit verwendet werden.

C. Die Festigkeit eines Baukörpers ist diejenige Spannungsgrenze, bei der seine Zerstörung beginnt. Sie hängt von der Körperform (Stab, Platte oder Block), vom Baustoff (z. B. Baustahl, Beton, Holz oder Mauerwerk) und von der Anordnung der äußeren Kräfte ab, die durch folgende vier einfache Festigkeitsfälle gekennzeichnet werden.

Zwischen zwei Nachbarquerschnitten, die eine Scheibe von der unendlich kleinen Dicke $dx$ begrenzen, beobachte man einen Würfel von der unendlich kleinen Kantenlänge $dx$, $dy$, $dz$ (Bild 5), im besonderen die gegenseitige Bewegung der in die Nachbarquerschnitte fallenden Würfelflächen. Denkt man sich die in der $YZ$-Ebene liegende linke Seitenfläche I des Würfels festgehalten, so können die vier einfachen Festigkeitsfälle durch folgende Bewegungen der rechten Seitenfläche II veranschaulicht werden (Bild 5a bis d).

a) Normalfestigkeit. Hierzu gehören die Zug- und die Druckfestigkeit, bei denen nur Normalspannungen $\sigma$ vorkommen. Sie entstehen, wenn sich die äußeren Kräfte zu einer

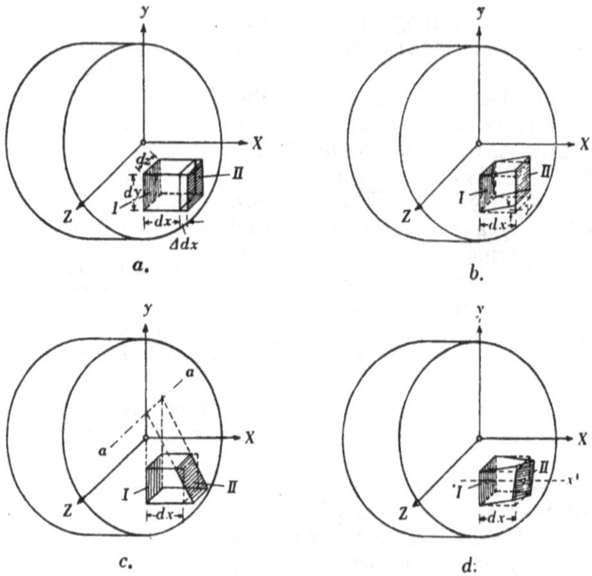


Bild 5a bis d. Die 4 einfachen Festigkeitsfälle.

Resultierenden zusammenfassen lassen, die durch den Schwerpunkt der Querschnittsfläche führt und mit der Stabachse zusammenfällt. Die ursprüngliche Kantenlänge $dx$ wird um $\Delta dx$ verlängert, wobei sich die Fläche II parallel zur $X$-Achse verschiebt (Bild 5a). Dann entstehen positive Normalspannungen oder Zugspannungen $\sigma$ (umgekehrt bei Verkürzung um $\Delta dx$ negative Normalspannungen oder Druckspannungen $\sigma$). Das Verhältnis $\Delta dx : dx = \delta$ heißt Längsdehnung, die bei Zug positiv, bei Druck negativ ist.

b) Schubfestigkeit. Bei ihr kommen nur Schubspannungen $\tau$ vor. Sie entsteht, wenn die äußere Kraft in der Querschnittsfläche liegt. Die Fläche II verschiebt sich gegen Fläche I ohne den Abstand $dx$ zu verändern, wobei die quadratische Ansichtsfläche in einen Rhombus übergeht, sich also der rechte Winkel um den Betrag $\gamma$, die sog. „Gleitung“ ändert. Die entstehenden Schubspannungen $\tau$ liegen in den entsprechenden Würfelflächen (Bild 5b).

c) Biegefestigkeit. Dreht man die Fläche II um eine Achse $a$—$a$, die in der Querschnittsfläche I liegt, so wird im oberen Teil des Würfels der Abstand $dx$ beider Flächen verkürzt und im unteren Teil vergrößert. Dann entstehen Biegespannungen, die schräg zur Querschnittsebene gerichtet sind und in Normalspannungen $\sigma$ und Schubspannungen $\tau$ zerlegt werden können.

d) Verdrehungsspannungen. Wird Fläche II um eine Achse $X'$ in der $X$-Richtung gedreht, ohne daß sich ihr Abstand $dx$ von I ändert, so entstehen im Querschnitt Schubspannungen $\tau$, die man Verdrehungsspannungen nennt.

e) Knickfestigkeit. Sie ist wie das Kippen und Beulen ein Stabilitätsproblem. Deshalb sollte man in diesen Fällen streng genommen nur von Sicherheit gegen Knicken, Kippen und Beulen sprechen, nicht aber wie es üblich ist z. B. auch von Knickfestigkeit oder Knickspannungen, die hier keine physikalische, sondern nur rechnerische Bedeutung haben (s. Band II).

Tritt einer dieser Festigkeitsfälle mit einem anderen oder mehreren zusammen auf, so spricht man von zusammengesetzter Festigkeit. Der wichtigste dieser Fälle ist die Vereinigung von Normalfestigkeit und Biegefestigkeit. Nach dem Erfahrungsgesetz und der gegenseitigen Unabhängigkeit verschiedener Kraftwirkungen darf man einen zusammengesetzten Belastungsfall in einfache Fälle zerlegen und die für jeden von diesen berechneten gleichartigen Spannungen eines Punktes addieren (Superpositionsprinzip). Dies gilt aber nur im sog. elastischen Bereich, wenn also $\eta = 0$ ist (s. Gl. 1).

Ein Bauteil kann aber außer nach diesen vier Festigkeitsarten auch dadurch zerstört werden, daß seine Stabilität versagt und zwar im einfachsten Falle durch Umkippen (z. B. durch Winddruck), oder durch Knicken eines gedrückten Einzelstabes (wie bei vielen Unfällen im Stahlbau), oder durch Beulen einer stark beanspruchten Blechwand (wie bei hohen,

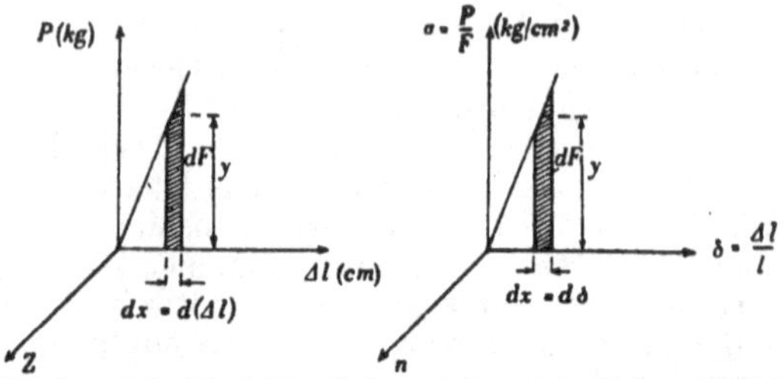


Bild 6a und b. Kraft-Weg-Linie und Spannungs-Dehnungs-Linie.

nicht ausreichend versteiften Blechträgern), oder endlich durch Auskippen dünner, auf Biegung beasnpruchter Träger (wie bei dem Modell einer eingespannten, auf die hohe Kante gebogenen Reißschiene).

D. Die Darstellungsweise von Versuchsergebnissen. Die drei Grundgrößen der Mechanik: Weg, Kraft und Zeit werden zweckmäßig in drei Koordinatenrichtungen aufgetragen und zwar als bezogene Größen, also waagerecht $x$ als Dehnung $\Delta l : l = \delta$ (in H. T.), lotrecht $y$ als Spannung $\sigma = P : F$ (in kg/cm²) und waagerecht $z$ als absolutes Zeitmaß $Z$ (in sec), oder auch gemessen durch die Anzahl $n$ von gleichartigen Schwingungen.

Würde man beim Zugversuch die Kraft-Verlängerungslinie (in absoluten Maßen, also die Kraft $P$ in kg und den Weg $\Delta l$ in cm) nach Bild 6a auftragen, so erkennt man, daß ein Flächenteilchen $dF = y \cdot dx$ die Dimension Kraft · Weg = Arbeit hat und somit eine Energiegröße angibt.

Bei der gebräuchlichen Darstellung der bezogenen Werte $\sigma = P : F$ und $\delta = \Delta l : l$ der Spannungs-Dehnungs-Linie (Bild 6b) ist $dF = y \cdot dx$ ebenfalls eine Arbeits- oder Energiegröße, weil $\sigma$ in kg/cm² und $\delta$ in H. T. gemessen wird, also $dF = \sigma \cdot d\delta = \text{kg/cm}^2 \cdot \frac{\text{cm}}{\text{cm}} = \frac{\text{kg.cm}}{\text{cm}^3}$ die „Ladung eines cm³ mit potentieller Energie" darstellt.

Durch folgende besondere Darstellungsverfahren lassen sich oft die verwickelten Zusammenhänge aus den beobachteten Versuchsergebnissen leichter erkennen.

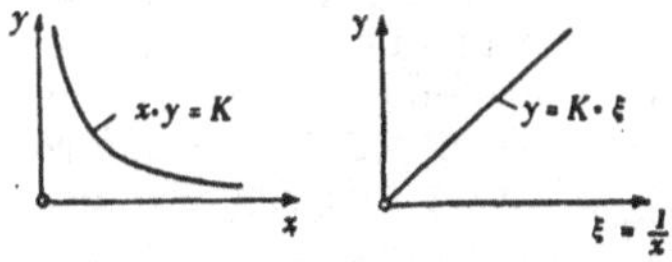


Bild 7a und b. Verwandlung einer Hyperbel in eine Gerade durch Auftragen der reziproken Werte von $x$.

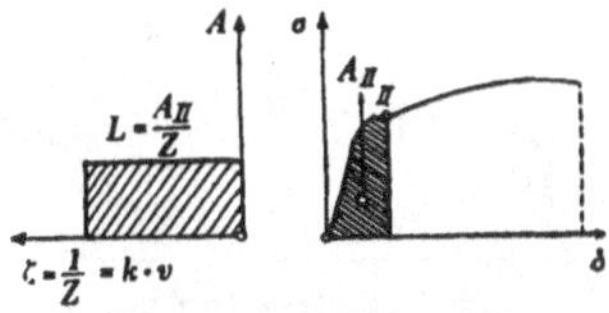


Bild 8a und b. Entwicklung des Leistungs-Diagrammes aus der Spannungs-Dehnungs-Linie.

a) Auftragen der reziproken Werte. Ergibt sich aus den Versuchswerten die bekannte gleichseitige Hyperbel $x \cdot y = K$ (Bild 7a), so erhält man durch Auftragen des Wertes $\xi = \frac{1}{x}$ mit der Gleichung $y = \frac{K}{x} = K \cdot \xi$ eine durch 0 gehende Gerade. (Beispiel: $x = \mu = \frac{F_e}{F_b}$ = sog. Bewehrungsverhältnis von Eisenbetonbalken und $y = \sigma_{eR}$ = Eisenspannung beim Auftreten der ersten Risse im Beton)[1]).

Trägt man in Bild 8 an Stelle der Zeit $Z$ in sec die Werte $\zeta = \frac{1}{Z} = k \cdot v$ und als Ordinaten im Seitenriß jeweils den Flächeninhalt $A$ des Flächenstückes (z. B. $A_{II}$) zwischen der Spannungs-Dehnungs-Linie und der $\delta$-Achse auf, so stellt das Rechteck $L = A_{II} \cdot \frac{1}{Z}$ die Leistung dar. Dabei ist $\zeta = \frac{1}{Z} = k \cdot v$, wenn $v$ die Geschwindigkeit und $k$ einen Festwert bedeuten.

b) Auftragen der logarithmischen Werte. Durch den Rechenschieber ist allgemein bekannt, daß man durch Auftragen der Logarithmen anstatt der Zahlenwerte die Intervalle z. B. zwischen 1 und 2 künstlich stark dehnt, dagegen die zwischen großen Zahlen, z. B. 9 und 10, stark verkürzt. Hierdurch ergibt sich ein willkommenes Mittel, große Zahlenwerte sehr zusammenzudrängen und insbesondere „die Zeit zu raffen". Beispiel: Wird die Würfelfestigkeit $W_b$ einer bestimmten Betonsorte nach 7, 28, 45 ... 365 Tagen festgestellt und

[1]) s. W. Gehler, Schrifttum Nr. (1), S. 265.

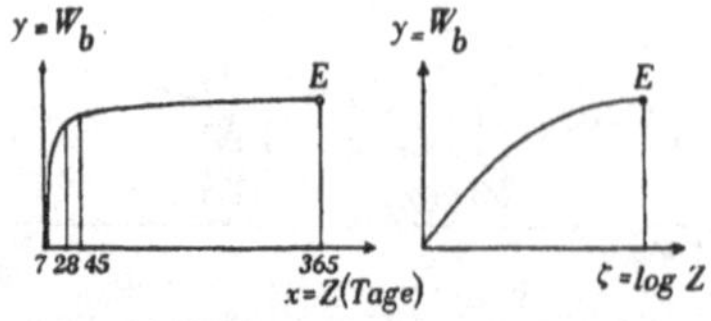


Bild 9a und b. Verwandlung der Würfelfestigkeit-Zeit-Linie in eine Parabel durch Auftragen der logarithmischen Werte der Zeit.

aufgetragen, so erhält man die $W_b$-Zeit-Linie des Bildes 9a. Trägt man dagegen $\zeta = \log Z$ auf, so ergibt sich eine Parabel, deren Scheitel $E$ im Endwert liegt, die also zu diesem „konvergierend abklingt"[2]). (In anderen Fällen wächst die Parabel ins Unendliche, wie z. B. bei der Verstimmung stark gespannter Klaviersaiten.)

Anstatt nur eine Achse logarithmisch zu verzerren, kann man auch nach beiden Achsen die logarithmischen Werte auftragen, zweckmäßig unter Verwendung von logarithmischem Papier (wie z. B. zur Ermittlung des Elastizitätsmaßes beim Potenzgesetz, s. Gl. 12, oder wie bei der Auswertung von Dauerfestigkeits-Versuchen nach der sog. Wöhler-Linie).

c) Die sogen. Nenner-Transformation. Findet man beim Auftragen der Versuchswerte z. B. eine Hyperbel dritten Grades von der Form $y = \frac{A}{1 + Bx + Cx^2} = \frac{A}{\omega}$, also eine doppelt gekrümmte Linie mit einem Wendepunkt $W$ (Bild 10a), so kann man hieraus eine einfache Parabel (Bild 10b) mit dem Scheitel in $D$ erhalten, wenn man als Ordinaten $\omega = \frac{A}{y}$ und als Abszissen wiederum $x$ aufträgt, weil dann

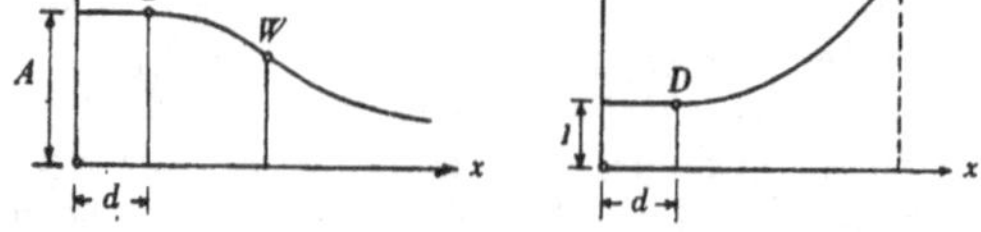


Bild 10a und b. Verwandlung einer Hyperbel in eine Parabel durch Nennertransformation.

---

[2]) s. W. Gehler, Schrifttum Nr. 2, S. 393, Abb. 13.

$$\omega = 1 + B \cdot x + C \cdot x^2$$

eine Parabel darstellt. Anwendung bei der sogen. Knickspannungs-Linie (der $\sigma_k$-$\lambda$-Linie) nach den neuen Knickvorschriften Din 4114[3]). Lautet im besonderen Falle diese Parabel $\omega = C \cdot x^2$, so ist $y = \frac{A}{\omega} = \frac{A}{C \cdot x^2} = \frac{K}{x^2}$ (wie z. B. bei der bekannten Euler-Hyperbel $y \cdot x^2 = K$ der Knickspannungslinie). Würde dagegen $\omega = B \cdot x$ sein, also

$$y = \frac{A}{\omega} = \frac{A}{B \cdot x} = \frac{K}{x},$$

so würde sich wiederum Bild 7a und 7b ergeben (mit $\omega$ an Stelle von $y$ und $x$ an Stelle von $\xi$). Die reziproke Auftragung (s. unter a) ist somit ein Sonderfall dieser Nenner-Transformation.

Da die versuchsmäßig festzustellenden Gesetzmäßigkeiten um so leichter praktisch nutzbar gemacht werden können, je einfacher diese mathematischen Beziehungen sind, gilt es zunächst die primär bedeutsamen Veränderlichen zu erkennen (gegebenenfalls auf Grund der Großzahlforschung mit Hilfe der Korrelations-Theorie, s. unter I, A) und sodann unter Benutzung einer der hier erörterten Darstellungsweisen die Gleichungen möglichst zu vereinfachen.

## II. Zug und Druck

### 1. Normalspannungen

Wird ein genau prismatischer Stab aus homogenem Baustoff durch eine in Richtung der Verbindungslinie der Schwerpunkte seiner Querschnittsflächen $F$ wirkende Kraft beansprucht, so sind in einem beliebigen Querschnitt $a$—$a$ die Spannungen gleichmäßig verteilt anzunehmen und haben die Größe

(2) $$\sigma = \frac{P}{F}.$$

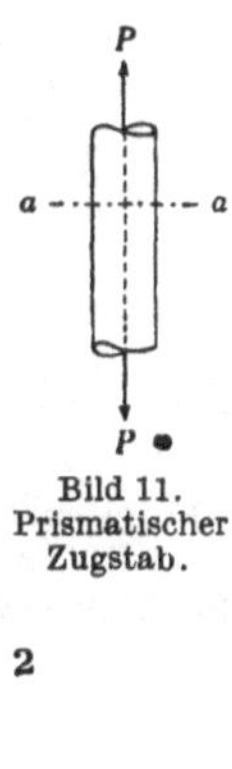


Bild 11. Prismatischer Zugstab.

[3]) DIN E 4114 Knick- und Beulvorschriften für Baustahl. S. a. „Erläuterungen" dazu von Prof. Dr. Chwalla und Prof. Dr. Gehler (s. Stahlbau 1940).

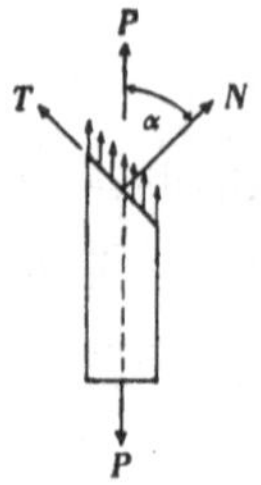


Bild 12. Spannungen im Schrägschnitt eines Zugstabes.

Sie heißen Normalspannungen. Da in der Festigkeitslehre die Einheit der Kraft 1 kg und die Einheit der Fläche 1 $cm^2$ ist, werden die Spannungen in kg/$cm^2$ ausgedrückt. Die gleichmäßige Verteilung der Spannungen über einen Querschnitt ist eine Annahme, die nie vollkommen zutrifft. Man kommt ihr am nächsten, wenn man erreicht, daß alle zur Stabachse parallelen Fasern gleiche Längenänderungen erleiden, d. h. daß alle Stabquerschnitte auch nach der Verformung eben und rechtwinklig zur Stabachse bleiben. Nicht genau prismatische (oder auch gekerbte zylindrische) Stäbe können nie solche gleichmäßig verteilte Spannungen aufweisen, weil ihre Längsfasern von ungleicher Länge sind und demgemäß ungleiche Längenänderungen erleiden.

Führt man durch den homogenen prismatischen Stab einen ebenen Schrägschnitt $c$—$d$ im Winkel $\alpha$ gegen die Stabachse (Bild 12), so hat seine Fläche die Größe $F_1 = \frac{F}{\cos\alpha}$ und die Spannungen in der Stabachsenrichtung betragen

$$(3) \qquad \sigma_1 = \frac{P}{F_1} = \sigma \cdot \cos\alpha.$$

Werden diese Spannungen in zwei rechtwinklige Komponenten der Richtung $N$ und $T$ zerlegt, so ergeben sich die Normalspannungen $\sigma_N$ und die Tangentialspannungen $\sigma_T$ des Querschnittes zu

$$(4a) \qquad \sigma_N = \sigma \cdot \cos^2\alpha\,,$$

$$(4b) \qquad \sigma_T = \sigma \cdot \cos\alpha \cdot \sin\alpha = \frac{\sigma \cdot \sin 2\alpha}{2.}\,.$$

Eine gleiche Längenänderung der Stabfasern geht auch dann verloren, wenn die Querdehnungen (s. Abschn. II, 8) an irgendeiner Stelle eine merkliche Größe erreichen.

Zum Verhalten eines Stabes unter **Druckkräften** ist noch zu erwähnen, daß seine Schlankheit, d. i. das Verhältnis des Stablänge $l$ zur kleinsten Dicke $d$, von Bedeutung ist. Übersteigt die Schlankheit $l:d$ einen gewissen Wert, so wird der Stab unter der Drucklast nicht axial zusammengedrückt, sondern knickt aus. Das Knicken entsteht durch die plötzliche Veränderung des Gleichgewichtszustandes der Moleküle unter der Druckkraft und ist ein Stabilitätsproblem.

### 2. Zugversuch und Spannungs-Dehnungs-Linie

Der übliche Zugversuch wird bei Flußstahl mit einem Normalrundstab von 20 mm Durchmesser und 20 cm Meßlänge durchgeführt. Die Stäbe werden in der Regel abgedreht, so daß an den Enden Verdickungen stehen bleiben können, die zur Einspannung dienen. Das im Eisenbetonbau verwendete Moniereisen wird jedoch mit Walzhaut (also nicht abgedreht) geprüft, wobei Beißkeile die Einspannung herstellen.

Wird ein solcher Stahlstab in die Zerreißmaschine eingespannt und stufenweise belastet, so kann bei jeder Laststufe $P$ die Stabverlängerung $\Delta l$ gemessen werden. Bis zur Proportionalitätsgrenze $\sigma_P = \frac{P_P}{F}$, die praktisch genau genug mit der Elastizitätsgrenze zusammenfällt, gehen bei Entlastung die Längenänderungen wieder auf Null zurück, d. h. es treten noch keine bleibenden Dehnungen $\eta$ ein, sondern nur rein elastische Dehnungen $\varepsilon$ (s. Gl. 1). Die gesamten Dehnungen $\delta = \varepsilon$ sind dann den Spannungen noch proportional. Zeigen die Messungen, daß dieses Proportionalitätsgesetz $\varepsilon:\sigma = \text{const.}$ nicht mehr zutrifft, so ist die Proportionalitätsgrenze $\sigma_P$ (kurz $P$-Grenze genannt) überschritten.

Bei weiterer Belastung nehmen die Dehnungen stark zu, so daß man sie schon mit bloßem Auge wahrnehmen kann. Dann ist die Fließgrenze $\sigma_F$ (oder die Streckgrenze $\sigma_S$) erreicht. Auf dem Stab zeigen sich dann häufig feine Linien, sog. Fließfiguren, die mit der Stabachse einen Winkel von 45° bilden und sich gegenseitig unter 90° kreuzen.

Mit Fortsetzung des Zugversuches kann die Last noch beträchtlich gesteigert werden, weil im Stabe eine innere Verfestigung eintritt. Die Dehnungen wachsen stark an und

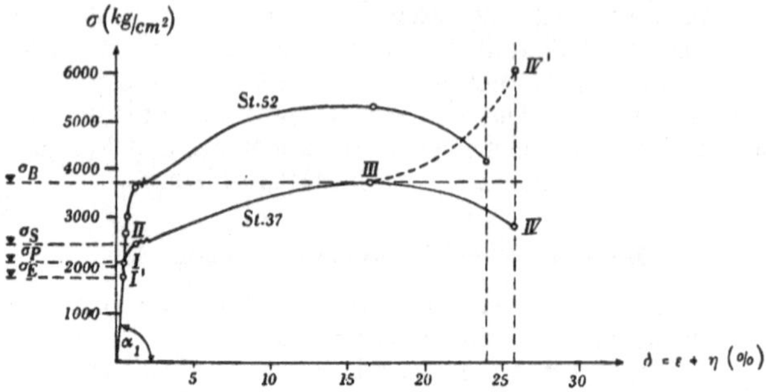


Bild 13. Spannungs-Dehnungs-Linie für Baustahl St. 37 und für hochwertigen Baustahl St. 52.

bei Punkt III (Bild 13) wird die Bruchfestigkeit $\sigma_B$ erreicht. Dabei zerreißt der Stab nicht im Augenblick der Höchstbelastung, sondern erst später, nachdem er sich noch weiter stark gedehnt und an einer Stelle stark eingeschnürt hat, wobei die Spannung infolge der Zerrüttung des Baustoffes bis zum Punkt IV beträchtlich absinkt. Nach dem Zerreißen wird die größte Dehnung als Bruchdehnung $\delta_B$ gemessen[4]).

Trägt man die Lasten (in kg) und die gefundenen Verlängerungen $\Delta l$ in einem rechtwinkligen Koordinatensystem auf (Bild 6a), so erhält man die Last-Verlängerungs-Linie. Zweckmäßig werden jedoch die Spannungen $\sigma = P:F$ (in kg/cm²) und die Verhältnisse der Verlängerungen zur Stablänge, die sog. Dehnungen $\varepsilon = \Delta l:l$, berechnet und diese Werte als Spannungs-Dehnungs-Linie aufgetragen (Bild 13). Dabei werden die Spannungen $\sigma = P:F$ auf den ursprünglichen Stabquerschnitt $F$ bezogen (s. Linienzug I—IV). Würde man sie dagegen auf den durch die Querdehnung sich verkleinernden Stabquerschnitt $F'$ beziehen, so würde man im Zerrüttungsbereich das ansteigende Linienstück III—IV' erhalten.

[4]) s. Memmler, Schrifttum Nr. 3.

Zahlenmäßig ergeben sich für den Zugversuch mit Flußstahl Normalgüte (St. 37):

1. Bruchfestigkeit: $\sigma_B = 3700 \div 4300$ kg/cm², (die Bezeichnung der Stahlsorte stammt von der Mindestbruchfestigkeit. St. 37 hat $\sigma_{B\,\min} = 37$ kg/mm² $= 3700$ kg/cm²),
2. Bruchdehnung: $\delta_B = 20$ bis 30 H. T.,
3. Streck- oder Fließgrenze: $\sigma_S =$ i. M. 2400 kg/cm²,
4. $P$-Grenze: $\sigma_P = 0{,}8 \cdot \sigma_S$ rd. 2000 kg/cm².

Im Proportionalitätsbereich der Spannungs-Dehnungs-Linie ist die Neigung der Tangente an diese Linie konstant und ergibt das Elastizitätsmaß $E$ in diesem Bereich:

$$(5) \quad E = \frac{\sigma}{\varepsilon} = \tan\alpha_1 = \text{const.} = 2100000 \text{ kg/cm}^2.$$

Außerhalb der $P$-Grenze ist $\tan\alpha$ für jeden Wert von $\sigma$ verschieden und damit auch diese Kennziffer $E_\sigma = \tan\alpha$. Das konstante Elastizitätsmaß $E$ ist eine Kennziffer für die elastische Dehnung oder die Zusammendrückbarkeit der verschiedenen Baustoffe, also ein Maß für die Elastizität und hat dieselbe Dimension wie die Spannungen (weil $E = \sigma : \varepsilon$ und $\varepsilon$ eine unbenannte Zahl ist). Sie bildet den ersten Baustofffestwert und wird für die verschiedenen Baustahlsorten auf Grund von Versuchen konstant angenommen zu 2100000 kg/cm² (obwohl sie etwa zwischen 2160000 und etwa 2050000 kg/cm² schwanken kann).

Taf. 1 zeigt die im allgemeinen angenommenen Spannungswerte $\sigma_S$ und $\sigma_B$, die Bruchdehnungen und eine Güteziffer $\sigma_B \cdot \delta_B$ für die Stahlsorten St. 37 und St. 52.

Tafel 1.

| Baustahl | $\sigma_s$ kg/cm² | $\sigma_B$ kg/cm² | $\sigma_B$ i.M. kg/cm² | $\delta_B$ in H.T. | $\delta_B$ i·M. | $\sigma_{zul}$ kg/cm² | Güteziffer $\sigma_B \cdot \delta_B$ kg/cm² |
|---|---|---|---|---|---|---|---|
| *St.* 37 | 2400 | 3700–4300 | 4000 | 20–30 | 26 | 1400 | 1040 |
| *St.* 52 | 3600 | 5200–6000 | 5600 | 20–28 | 24 | 2100 | 1350 |

Die in Taf. 1 ebenfalls angeführten zulässigen Beanspruchungen $\sigma_{zul}$ sind die für den Konstrukteur maßgebenden Spannungen und betragen im Stahlhochbau nach DIN 1050 (Juli 1937) für den sog. Belastungsfall 1 (Hauptkräfte, nämlich ständige Last und Verkehrslast einschl. Schnee) (für St. 37) $\sigma_{zul} = 1400$ kg/cm², dagegen für den Belastungsfall 2 (Haupt- und Zusatzkräfte, nämlich gleichzeitige ungünstigste Wirkung aller Kräfte unter Hinzunahme von Wind, Wärmeschwankungen, waagerechten Seitenkräften und Bremskräften bei Kranen) $\sigma_{zul} = 1600$ kg/cm². Die entsprechenden Werte für St. 52 sind $\sigma_{zul} = 2100$ bzw. 2400 kg/cm².

Wie bereits in Bild 6a dargelegt wurde, stellt bei der Last-Verlängerungs-Linie der Inhalt der Fläche zwischen dieser Linie und der $X$-Achse eine Arbeit dar (Kraft · Weg = Arbeit), ebenso bei der Spannungs-Dehnungs-Linie mit den Ordinaten $\sigma$ (kg/cm²) und den Abszissen $\delta\left(\frac{\text{cm}}{\text{cm}} = \text{unbenannte Zahl}\right)$, so daß das Produkt $\frac{\text{kg}}{\text{cm}^2} = \frac{\text{kg} \cdot \text{cm}}{\text{cm}^3}$ ergibt und als die Ladung der Raumeinheit zu deuten ist. Sie wird als bezogene Formänderungsarbeit bezeichnet. Angenähert kann auch das der Spannungs-Dehnungs-Linie umschriebene Rechteck oder das Produkt der Seiten $\sigma_B$ und $\delta_B$ als praktischer Gütemaßstab dienen (s. Taf. 1 letzte Spalte), woraus die Überlegenheit des hochwertigen Baustahles hervorgeht.

Bei St. 37 ist die zulässige Beanspruchung (für Belastungsfall 1) $\sigma_{zul} = 1400$ kg/cm², also die sog. Sicherheit bezogen auf die Streckgrenze

$$\nu = \frac{\sigma_S}{\sigma_{zul}} = \frac{2400}{1400} = 1{,}71 \tag{6a}$$

und bei St. 52 ebenfalls

$$\gamma = \frac{\sigma_S}{\sigma_{zul}} = \frac{3600}{2100} = 1{,}71. \tag{6b}$$

Die Betrachtung der Abszissen in Bild 14 führt zu der Unterscheidung: 1. des elastischen und 2. des plastischen Bereiches, ferner 3. des Verfestigungs- und 4. des Zerrüttungsbereiches.

Im elastischen Bereich treten nur elastische Dehnungen $\varepsilon$ auf, während dann, wenn die Spannungen die $P$-Grenze überschreiten, also im plastischen Bereiche, hierzu noch bleibende Dehnungen $\eta$ hinzutreten. Beim Erreichen der Streckgrenze verhalten sich diese Anteile wie rd. 2:1, so daß hier die gesamte Dehnung

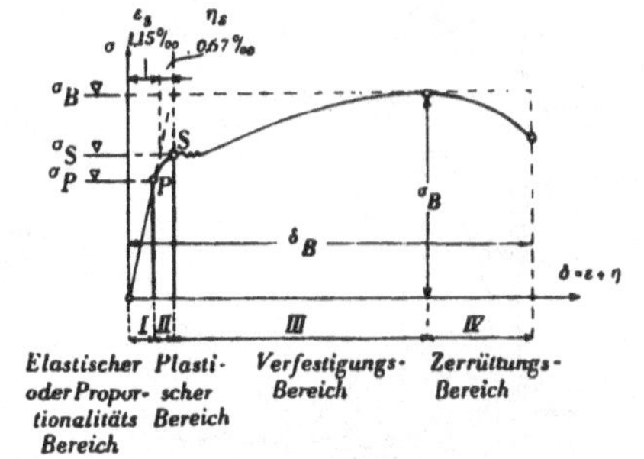


Bild 14. Die elastischen und plastischen Anteile der Gesamtdehnung und die vier Bereiche der Spannungs-Dehnungs-Linie.

$$(7) \quad \delta = \varepsilon_S + \eta_S = (1{,}15 + 0{,}67)‰ = \text{rd. } 2‰ = 0{,}2\%$$

beträgt. Die Streckgrenze kann daher auch angenähert als 0,2%-Grenze bezeichnet werden.

Der entwerfende Ingenieur muß grundsätzlich beachten, daß im denkbar ungünstigsten Falle der Belastungs-Möglichkeiten die $P$-Grenze durch die Spannungen nicht überschritten wird, weil sonst starke, bleibende Dehnungen auftreten. Das Bauwerk wird zwar dann, wenn die $P$-Grenze nur einige Male überschritten wird, noch nicht einstürzen, wohl aber nachteilige bleibende Verformungen erleiden. Wird dagegen die Streckgrenze erreicht, so bricht gewissermaßen der Aufbau des inneren Gefüges des Baustahles zusammen, was an den Fließfiguren zu erkennen ist. Hieraus folgt, daß die Streckgrenze $\sigma_S$ und nicht etwa die Zugfestigkeit $\sigma_B$ für die Sicherheit maßgebend ist. Obwohl die Beanspruchungen eines Bauteiles in Wirklichkeit sehr mannigfaltig und verwickelt sein können, bildet doch die Spannungs-Dehnungs-Linie des Zerreißversuches die einfachste Grundlage für die Beurteilung des Baustoffes und der Sicherheit der Bauteile.

Da in neuester Zeit im Eisenbetonbau sog. hochwertige Baustähle verwendet werden, wurden in Bild 15 die Spannungs-Dehnungs-Linien für verschiedene solche Bewehrungs-

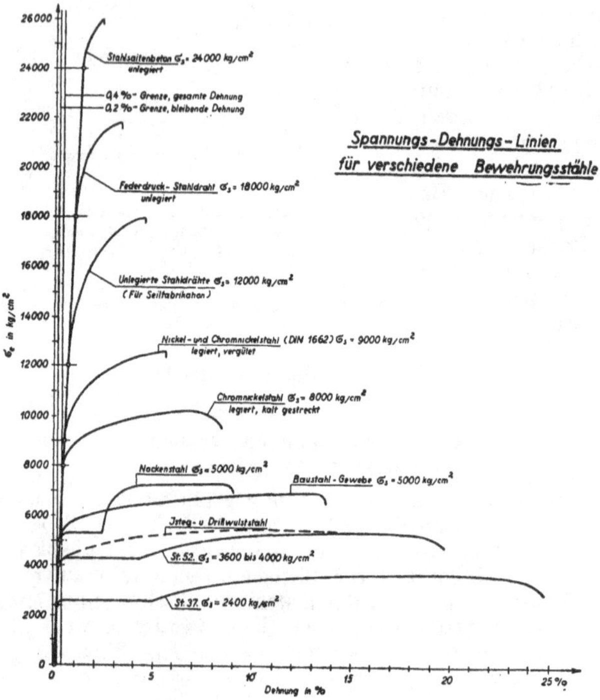


Bild 15. Spannungs-Dehnungs-Linien für verschiedene Bewehrungsstähle.

stähle angegeben. Die Zusammenstellung zeigt, daß mit wachsender Zugfestigkeit die Bruchdehnung abnimmt und die $P$-Grenze jeweils höher liegt. Bei dem Klaviersaitendraht des Stahlsaitenbetons[5]) (St. 260) mit $\sigma_B = 26000$ kg/cm² ist $\sigma_S = 24000$ kg/cm², so daß hier sowohl die Streck- als auch die $P$-Grenze ihre höchste Lage erreicht.

[5]) s. Hoyer, Schrifttum Nr. 4.

### 3. Druckversuch

Da beim Druckversuch die Gefahr besteht, daß der zylindrische Körper bei zu großer Schlankheit ausknickt, wird seine Höhe i. d. R. als das zwei- bis dreifache des Durchmessers angenommen. Obwohl infolge der sog. Endflächenreibung an den Druckflächen die Spannungen in einem solchen gedrückten Zylinder nicht genau gleichmäßig verteilt sind, ergibt der Druckversuch etwa die gleichen Werte sowohl für $\sigma_P$ als auch für $\sigma_S$ wie der Zugversuch. Die Fließgrenze, die beim Zugversuch auch Streckgrenze genannt wird, heißt hier Quetschgrenze. Die für Flußstahl verwendeten zylindrischen Probekörper nehmen an der Quetschgrenze tonnenförmige Gestalt an, wobei diese Verformung beliebig weit getrieben werden kann. Zahlenmäßig bildet daher die Quetschgrenze das Ende des Druckversuches.

Bei spröden Baustoffen ist von Beginn des Druckversuches an eine ausgesprochene Proportionalität zwischen Spannungen und Dehnungen nicht vorhanden, wie aus der Druckspannungs-Verkürzungs-Linie für Gußeisen (Bild 16) hervorgeht. Da also eine *P*- und eine Fließgrenze nicht vorhanden sind, bleibt als einzige Kennziffer für die Spannungen nur die Bruchfestigkeit. Steine, Zementmörtel, Beton und ähnliche Baustoffe prüft man in Würfelform, wobei sich beim Bruch eine Doppelpyramide bildet. Aus dieser Bruchform ist zu schließen, daß es sich hier nicht um sog. reinen Druck handelt, sondern daß waagerecht gerichtete Schubkräfte an den Druckflächen mitwirken (sog. Endflächenreibung s. Bild 42b).

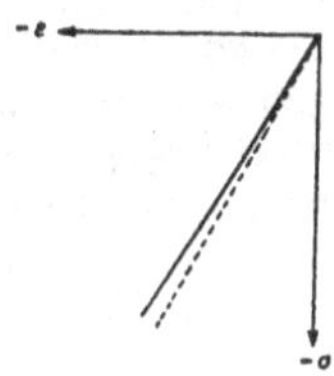


Bild 16. Druckspannungs-Verkürzungs-Linie für Gußeisen.

### 4. Einflüsse auf die Zug- und Druckfestigkeit

a) Der Einfluß des Kohlenstoffgehaltes auf die Festigkeit des Stahles ist von großer Bedeutung. Mit wachsendem Kohlenstoffgehalt steigt die Zugfestigkeit $\sigma_B$, während die Bruchdehnung $\delta_B$ und die Querkontraktion $\psi$, also die

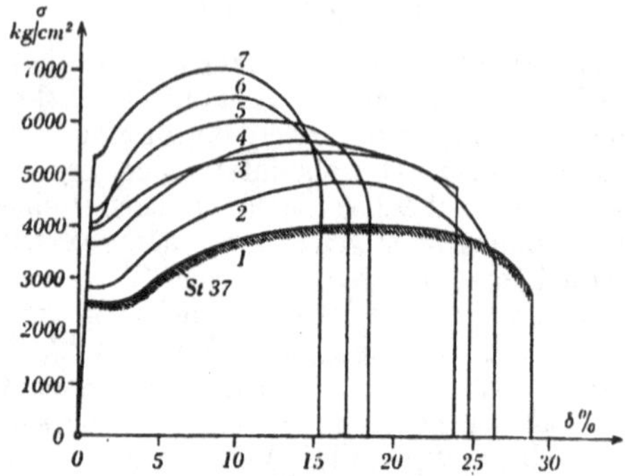


Bild 17. Einfluß von Kohlenstoffgehalt und hochwertigen Zusätzen auf die Spannungs-Dehnungs-Linie von Stahl.

Kennziffer der Zähigkeit, abnehmen (d. h. der Stahl wird spröder). Ähnliche beträchtliche Veränderungen bewirken auch die hochwertigen Zusätze wie Nickel, Chrom, Wolfram, Mangan u. a. (s. Bild 17). In Taf. 2 sind die Kohlenstoffgehalte und Festigkeitseigenschaften von Ternitzer Bessemerstahl nach Versuchen von Bauschinger angegeben. Die Versuchsstäbe waren 44 cm lang, 7,0 cm breit und 1,2 cm dick.

Tafel 2.

| Kohlenstoffgehalt in % | Elastizitätsgrenze kg/cm² | Zugfestigkeit in kg/cm² | Bruchdehnung in % | Querkontraktion % |
|---|---|---|---|---|
| 0,14 | 2950 | 4430 | 21,8 | 49,2 |
| 0,54 | 3490 | 5560 | 17,8 | 32,8 |
| 0,78 | 3750 | 6470 | 11,4 | 19,1 |
| 0,96 | 4870 | 8205 | 6,6 | 10,0 |

In Taf. 3 und Bild 17 sind für eine Reihe von Stählen die Festigkeiten der Streck- und Bruchgrenze, die Bruchdehnungen $\delta_B$ und die Güteziffern $\sigma_B \cdot \delta_B$ dargestellt:

Tafel 3.

| Stahlsorte | $\sigma_s$ kg/mm² | $\sigma_B$ kg/mm² | $\delta_B$ % | Güteziffer $\sigma_B \cdot \delta_B$ |
|---|---|---|---|---|
| 1. Flußstahl St. 37 . . . . . . | 25,8 | 39,4 | 29,0 | 1140 |
| 2. Ein Kohlenstoffstahl . . . . | 28,3 | 46,6 | 24,9 | 1160 |
| 3. Baustahl St. 52. . . . . . . | 36,0 | 56,6 | 24,0 | 1350 |
| 4. Nickelstahl (3%Ni). . . . . | 39,4 | 53,0 | 26,5 | 1410 |
| 5. Nickelstahl (5%Ni). . . . . | 49,9 | 59,1 | 18,3 | 1080 |
| 6. Chromnickelstahl 3%(Cr+Ni) | 40,2 | 62,4 | 17,0 | 1060 |
| 7. Chromnickelstahl 4%(Cr+Ni) | 53,0 | 69,3 | 15.5 | 1070 |

b) Der Einfluß der Zeit, also der Versuchsdauer auf die Festigkeitswerte, wird i. d. R. bei Versuchen mit Baustahl nicht berücksichtigt. Im Proportionalitätsbereich ist er verschwindend klein, dagegen im plastischen und Verfestigungsbereich beträchtlicher. Ein normaler Zerreißversuch dauert etwa 2 Minuten. Wird die Versuchsdauer im Massenbetrieb der Stahlwerke stark eingeschränkt, so kann eine um 10% zu hohe Streckgrenze gefunden werden. Die Belastungsgeschwindigkeit von 1 kg/mm²/sec darf nicht überschritten werden.

## 5. Das Hookesche Proportionalitätsgesetz

Das von Hooke im Jahre 1665 aufgestellte Proportionalitätsgesetz, das den mathematischen Zusammenhang zwischen den Dehnungen $\varepsilon$ und den Spannungen $\sigma$ in der Form

$$\varepsilon = \frac{\sigma}{E} \tag{8}$$

angibt, bildet die Grundlage der Elastizitätslehre. Es gilt jedoch nur in bestimmten Spannungsgrenzen (und zwar im Proportinalitätsbereich) und genau genommen nur für wenige Baustoffe, z. B. für den Stahl. Darin ist $\varepsilon = \Delta l : l$ die bezogene Dehnung, $E$ das Elastizitätsmaß und es besagt:

1. Die Dehnungen sind den Spannungen proportional.
2. Die Formänderungen sind bei Zug oder Druck und Biegung im entgegengesetzten Sinne bis auf die Vorzeichen gleich.

Als Dehnungsvermögen eines Stabes wird der Ausdruck

$$k = \frac{l}{E \cdot F} \tag{9}$$

bezeichnet, der nur von den Abmessungen (Länge $l$, Querschnitt $F$) und dem Baustoff (Elastizitätsmaß $E$) abhängig ist. Er ergibt sich aus dem Ausdruck der Längenänderung:

$$\Delta l = \varepsilon \cdot l = \frac{\sigma}{E} \cdot l = \frac{P \cdot l}{E \cdot F} = P \cdot k. \tag{10}$$

Das Hookesche Gesetz bildet noch heute (zusammen mit dem Navierschen Gesetz für Biegung) die Grundlage aller Festigkeitsberechnungen.

### 6. Das Potenzgesetz und die Elastizitätsmaße

Für Gußeisen, Stein, Beton oder Holz und andere Baustoffe sind schon bei geringen Laststufen die Dehnungen und Spannungen nicht mehr proportional. Außerdem ist bei ihnen die Spannungs-Dehnungs-Linie für Zug und Druck wesentlich verschieden. Den Spannungs-Dehnungs-Linien dieser Baustoffe paßt sich angenähert das Potenzgesetz

$$\varepsilon = \frac{\sigma^n}{E} \tag{11}$$

an, das schon 1729 von Bülfinger und 1897 von Bach und Schüle vorgeschlagen wurde. Für Gußeisen ist $n = 1{,}07$, für Beton $n = 1{,}11$ bis $1{,}16$. Die Dehnungen wachsen also etwas schneller als die dazugehörigen Spannungen. Um die Spannungs-Dehnungs-Linie zu finden, werden beim Versuch wiederum jeweils $\sigma = \frac{P}{F}$ und $\varepsilon = \frac{\Delta l}{l}$ ermittelt. Zur Bestimmung von $E$ und $n$ trägt man $\sigma$ und $\varepsilon$ zweckmäßig auf logarithmischem Papier auf. Daraus entnimmt man, da Gl. (11) logarithmiert mit

$$\log \varepsilon = \log \frac{1}{E} + n \cdot \log \sigma \tag{12}$$

eine Gerade darstellt, $\log \frac{1}{E}$ als Abschnitt auf der $y$-Achse und $n = \tan \alpha$ aus dem Neigungswinkel der Geraden.

Bei allen Baustoffen außer Baustahl ist das Elastizitätsmaß für Zug und Druck verschieden und kann jeweils nur für gewisse Spannunsgbereiche als konstant angesehen werden. Bild 18 zeigt, daß die Neigung der Tangente an die Spannungs-Dehnungs-Linie für kleine Werte von $\sigma$ verhältnismäßig groß ist und mit wachsenden Spannungen abnimmt, so daß $E$ mit wachsenden Spannungen kleiner wird.

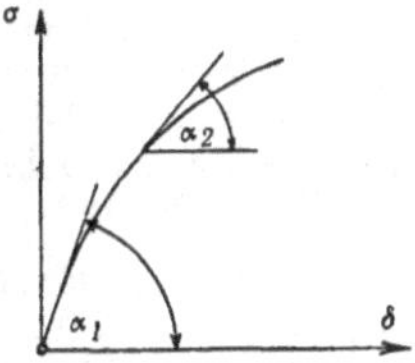

Bild 18. Darstellung des Potenzgesetzes.

Bei Beton wird für die „Laststufe der Nutzlast" $E = \tan\alpha_1 = 210000$ kg/cm² angenommen (also auch für die Berechnungen von Durchbiegungen und von statisch unbestimmten Grundformen), dagegen $E = \tan\alpha_2 = 140000$ kg/cm² für den Bruchzustand, der für die Bemessung von Beton- und Eisenbeton maßgebend ist.

Das einfache Potenzgesetz der Gl. (11) ist jedoch nur eine erste Annäherung. Als genauere Formel wurde u. a. von W. Ritter-Zürich[6]) vorgeschlagen:

$$(13) \qquad \delta = K_d(1 - e^{-n\,\varepsilon}).$$

($K_d$ = Druckfestigkeit, $n$ = ein Festwert für den Baustoff und $e$ = die Basis der natürlichen Logarithmen). Bei der Mannigfaltigkeit der Baustoffe verzichtet man zweckmäßig auf eine genaue Anpassung an die wirkliche Spannungs-Dehnungs-Linie und nimmt bis zu der Grenze der zulässigen Spannungen das Elastizitätsmaß $E$ konstant an, rechnet also auch für Gußeisen, Steine, Beton und Holz in den Grenzen der zulässigen Spannungen mit dem Hookeschen Gesetz.

Nach den Bestimmungen[7]) sind folgende Elastizitätsmaße anzunehmen:

| | |
|---|---|
| Stahl . . . . . . . . . . . . . . . . . . | $E = 2100000$ kg/cm² |
| Gußeisen . . . . . . . . . . . . . . . . . | $E = 1000000$ ,, |
| Beton bei Berechnung der Formänderungen und statisch unbestimmter Größen. . . | $E = 210000$ ,, |

---

[6]) Schweiz. Bauz. 1899, Bd. 33.

[7]) DIN 1050 (Stahl), DIN 1074 (Holz), DIN 1075 (Massivbrücken.

Beton bei Berechnung der Spannungen in Eisenbetonbauteilen . . . . . . . . . $E = 140000\ kg/cm^2$
Mauerwerk in Zementmörtel aus Hartbrandziegeln oder Klinkern . . . . . . . . . $E = 50000$ ,,
Holz bei Beanspruchung in der Faserrichtung für Laub- und Nadelholz . . . . . . . . $E = 100000$ ,,

Diese genormten Werte sind als Mittelwerte anzusehen. Besonders bei Mauerwerk schwanken diese Zahlen erheblich. Das elastische Verhalten des Holzes ist wegen der Verschiedenheit im Wuchs und Feuchtigkeitsgehalt schwer in Formeln und Festwerte zu fassen. Die Streuungen der Werte des Elastizitätsmaßes sind daher bei Formänderungsberechnungen von Hozkonstruktionen besonders zu beachten.

1. Beispiel. Ein Rundstab von der Länge $h = 3{,}00$ m und dem Durchmesser $d = 5{,}00$ cm aus Baustahl St. 37 sei bei $A$ eingespannt.

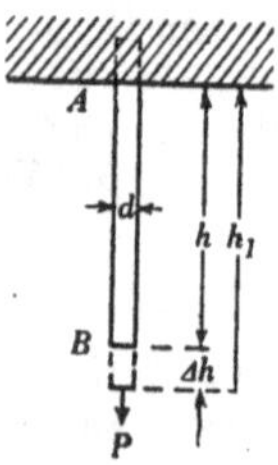

Bild 19.

Wie groß ist die größte Spannung aus Eigengewicht ($\gamma = 7{,}85\ t/m^3$)? Bei welcher Länge reißt der Stab infolge Eigengewicht? Welche Kraft $P$ ruft eine Senkung des Punktes $B$ um 1,5 mm hervor?

Die größte Spannung aus Eigengewicht tritt im Punkt $A$ auf mit

$$\sigma_{max} = \frac{G}{F} = \frac{F \cdot h \cdot \gamma}{F} = 3{,}00 \cdot 7{,}85 \frac{m \cdot t}{m^3}$$

$$\underline{\sigma_{max} = 23{,}55\ t/m^2.}$$

Mit der Bruchspannung $\sigma_B = 3700\ kg/cm^2 = 3{,}7\ t/cm^2 = 3{,}7 \cdot 10^4\ t/m^2$ für St. 37 wird die Länge $h_1$ beim Bruch infolge Eigengewicht ermittelt aus

$$\sigma_B = \frac{G}{F} = \frac{F \cdot h_1 \cdot \gamma}{F} = h_1 \cdot \gamma$$

$$h_1 = \frac{\sigma_B}{\gamma} = \frac{3{,}7 \cdot 10^4}{7{,}85} = 4710\ m,$$

und ist also vom Querschnitt unabhängig. Für die Dehnung gilt:

$$\Delta h = \frac{\sigma}{E} \cdot h = \frac{P \cdot h}{E \cdot F}$$

und daraus ist

$$P = \frac{\Delta h \cdot E \cdot F}{h} = \frac{0{,}15 \cdot 2100000 \cdot \frac{\pi \cdot 5{,}00^2}{4}}{300}$$

$$P = 20600 \text{ kg} = 20,6 \text{ t}.$$

### 7. Die Spannungs-Dehnungs-Linie für Baustahl im plastischen Bereich

Sehr genaue Dresdner Versuche[8]) gelegentlich der Ausbildung der hochwertigen Stähle ergaben auch den Verlauf der Spannungs-Dehnungs-Linie im plastischen Bereich $PBQ$ (Bild 20), die an Druckkörpern festgestellt wurde und daher auch als eine Grundlage für die Knickspannungs-Linie dienen kann. Das angewendete Verfahren ist zugleich ein Beispiel für eine zeichnerische Integration. Während im elastischen Bereich $OP$ die Neigung der Hookeschen Geraden $\tan\alpha_1 = E = 2100000 \text{ kg/cm}^2$ den unwandelbaren Festwert bildet, ändert sich im plastischen Bereich $PQ$ die Neigung der Tangente, z. B. $\tan\alpha_5 = E\sigma_5$, dauernd mit wachsender Spannung $\sigma$ (z. B. bis $\sigma_5$). Die verlängerte Hookesche Gerade $OP$ begrenzt jeweils den elastischen Anteil $\varepsilon_5$ und die Linie $PQ$ den plastischen Anteil $\eta_5$.

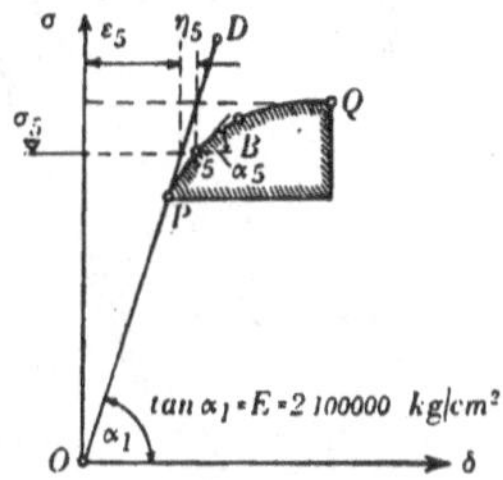


Bild 20. Die Spannungs-Dehnungs-Linie im plastischen Bereich.

Als primäre Veränderliche muß hier diese Tangenten-Neigung $E_\sigma$ (z. B. $E_{\sigma_5}$) in Abhängigkeit von $\sigma$ gewählt werden (wie es bereits Engesser 1892 für die Grundlage der Knicktheorie vorschlug). Auf Grund unserer Dresdner Versuche ist als $\sigma$-$E_\sigma$-Linie, z. B. für St. 37, die Viertel-Ellipse $A_0 P_0 B_0$ anzunehmen mit dem anschließenden kleinen Parabelstück $B_0 Q_0$ (Bild 21b). Sie ist bestimmt durch die versuchsmäßig festzustellenden Punkte $M_0$ und $B_0$ und durch die gegebene

[8]) s. W. Gehler, Schrifttum Nr. 5, S. 231.

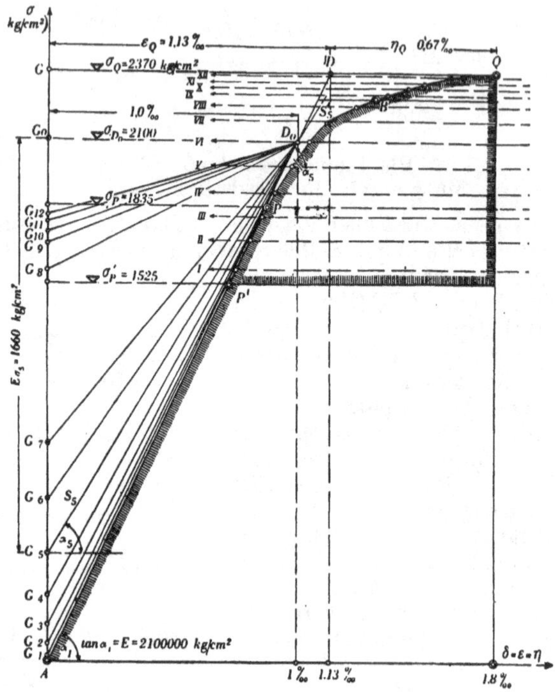

Bild 21a. Die zeichnerische Entwicklung der Spannungs-Dehnungs-Linie im plastischen Bereich aus der $\sigma$—$E_\sigma$-Linie für Baustahl St. 37.

Strecke $P'_0 A_0 = E = 2100000$ kg/cm². Dann kann z. B. für $\sigma_5 = 2040$ kg/cm² die Abszisse $E_{\sigma_5} = 1660000$ kg/cm² abgegriffen werden. Somit sind die Tangenten-Neigungen $\tan\alpha = E_\sigma$ gegeben und die $\sigma$-$\delta$-Linie gesucht. Da die analytische Lösung zu einer umständlichen hyperbolischen Funktion führen würde, empfiehlt sich für diesen gegebenen Fall die zeichnerische Lösung. Denkt man sich in den Schwerpunkten der waagerechten Flächenstreifen Kräfte wirkend, z. B. $V$ und $VI$, so ergibt sich z. B. die Größe von $V$ dadurch, daß

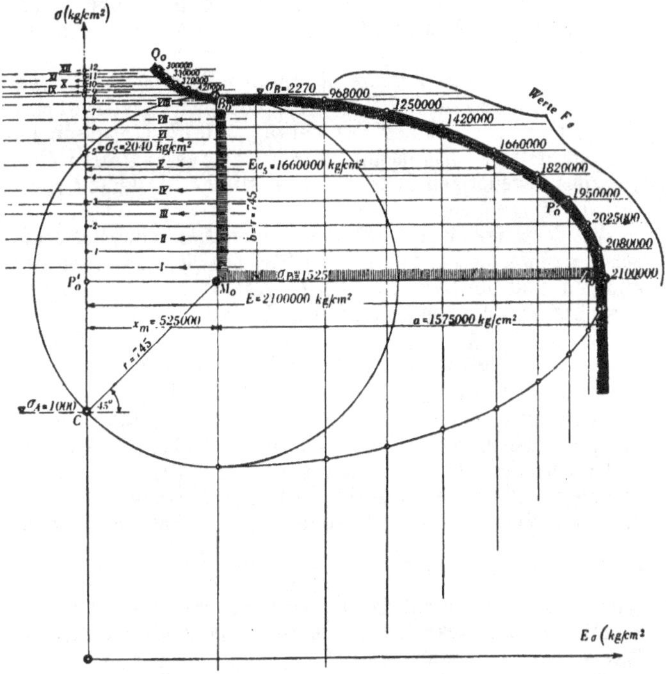


Bild 21b. Die zeichnerische Entwicklung der Spannungs-Dehnungs-Linie im plastischen Bereich aus der $\sigma$—$E_\sigma$-Linie für Baustahl St. 37.

im Kräfteplan $OG_0D_0$ (Bild 21a) der Wert $G_0G_5 = 1660$ kg/cm² aufgetragen wird, ferner der Wert $G_0G_6 = 1420$ kg/cm². Der Strahl $S_5$ hat dann die Neigung $\tan\alpha_5 = E_{\sigma_5} = 1660 : 1{,}0‰ = 1660000$ kg/cm². Sodann zieht man den Seilzug $P'PBQ$, wobei $S_5$ parallel $S'_5$ ist, also die Neigung $\tan\alpha_5$ aufweist. Hieraus erkennt man:

a) Bereits im Punkte $P'$ mit $\sigma = 1525$ kg/cm² beginnen die bleibenden Dehnungen $\eta$, obwohl sie allerdings noch verschwindend klein sind und in $P$ höchstens $\eta_P = 0{,}03‰$

betragen. Dabei sinkt $E$ von 2100000 im Punkt $A_0$ bis auf $E_{\sigma_s} = 1950000$ rd. 2000000 kg/cm² im Punkt $P_0$ (s. Bild 21b).

b) Im ersten Teil $PB$ des plastischen Bereiches fällt zwar $E_\sigma$ weiter ab bis auf $E_{\sigma_{10}} = 420000$ kg/cm². Dabei wächst aber $\eta$ nur langsam bis auf $\eta_{10} = 0{,}1‰$, dagegen im zweiten Teil $BQ$ bis auf $\eta_Q = 0{,}67‰$, also auf die Hälfte des zugehörigen Wertes der elastischen Dehnung $\varepsilon_Q = 1{,}13‰$.

Bei derartigen genauen Versuchen muß an jeder Laststufe solange gewartet werden, bis das Gleichgewicht zwischen den äußeren und inneren Kräften hergestellt ist (sog. Gleichgewichtsversuche, die etwa 14 Std. Zeit erfordern).

### 8. Querdehnung und kubische Dehnung

a) Querdehnung. Wird ein Stab durch eine Normalkraft gezogen, so entsteht eine Längsänderung unter gleichzeitiger Verkleinerung seiner Querschnittsfläche. Die Dehnung in der Querrichtung wird Querdehnung genannt; sie ist bei Zug negativ, bei Druck positiv. Poisson (1835) berechnete erstmalig das Verhältnis der Querdehnung zur Längsdehnung für Baustahl zu $\frac{1}{m} = \mu = \frac{\varepsilon_q}{\varepsilon} = \frac{1}{4}$. Von W. Voigt-Göttingen wurde jedoch bewiesen, daß dieses Rechnungsergebnis zu eng gefaßt war, und man für $m$ (Querdehnungszahl) auch andere Werte erhalten kann.

Bezeichnet $\varepsilon_q$ die lineare Querdehnung, so ist

$$(14) \qquad \varepsilon_q = -\frac{1}{m} \cdot \varepsilon \text{ oder } \varepsilon_q = \frac{1}{m}\left(\frac{\sigma}{E}\right).$$

Das negative Vorzeichen bedeutet dabei, daß zu einer positiven Längenänderung eine negative Querdehnung gehört. Für einen homogenen Baustoff ist die Querdehnungszahl für alle Richtungen der Querschnittsebene gleich groß. Je nach dem Baustoff kann $m$ auch für Zug und Druck verschieden sein. Für härtesten Stahl ist $m = 4$, für Baustahl $m = 3$ bis 3,33. Die untere Grenze der Querdehnungszahl ist $m = 2$, nämlich für nicht zusammendrückbare Körper. Für Stahl kann die Querdehnungszahl ein Maß für die Zähigkeit sein, weil sie mit zunehmender Härte und abnehmender Zähigkeit größer wird.

Nach amerikanischen Versuchen von Johnsons[9]) sind für $m$ folgende Werte anzunehmen:

| | |
|---|---|
| Stahl . . . . . . . . | $m = 3{,}7$ |
| Kupfer . . . . . . | 3,1 |
| Blei . . . . . . . . | 2,3 |
| Glas . . . . . . . . | 4,1 |
| natürliche Steine etwa | 4,0 |

und nach Dresdner Versuchen (1927)[10]):

| | |
|---|---|
| Beton bei Zug . . | $m = 10$ bis 12 |
| Beton bei Druck . | $m = 6$ |

b) Die Querkontraktion beim Bruch. Wird beim Zugversuch mit Stahl die Zugfestigkeit $\sigma_B$ überschritten, so zeigt sich an der Stelle, an welcher der Stab zerreißt, eine allmählich wachsende Einschnürung des zylindrischen Zugstabes. Ist $F$ der ursprüngliche Stabquerschnitt, $F_B$ jener nach dem Bruche an der eingeschnürten Stelle, so bezeichnet man mit

$$\psi = \frac{F - F_B}{F} \cdot 100 \tag{15}$$

die Querkontraktion, die eine wertvolle Kennziffer für die Zähigkeit des Baustoffes bildet und für Baustahl etwa 40 bis 60% beträgt.

c) Die kubische Dehnung. Da jede Normalspannung in ihrer Richtung eine Längsdehnung erzeugt, gleichzeitig aber auch nach den beiden anderen zu ihr rechtwinklig stehenden Richtungen eines räumlichen Koordinatensystemes $x, y, z$ eine Querdehnung, erhält man unter Berücksichtigung derselben Dehnungen in den drei Richtungen (mit $E$ = Elastizitätsmaß und $m$ = Querdehnungszahl) zu

---

[9]) Johnsons, Materials of Construction, S. 4, 255 und 480.
[10]) s. W. Gehler, Schrifttum Nr. 6, Abb. 20.

$$(16)\qquad \begin{cases} \varepsilon_x = \pm \dfrac{1}{E}\left(\sigma_x - \dfrac{\sigma_y + \sigma_z}{m}\right) \\ \varepsilon_y = \pm \dfrac{1}{E}\left(\sigma_y - \dfrac{\sigma_x + \sigma_z}{m}\right) \\ \varepsilon_z = \pm \dfrac{1}{E}\left(\sigma_z - \dfrac{\sigma_x + \sigma_y}{m}\right) \end{cases}$$

Die kubische Dehnung soll durch die Betrachtung der Volumenänderung eines unendlich kleinen Würfels von den Seiten $dx$, $dy$, $dz$ gefunden werden. Sein Rauminhalt ist ursprünglich $dV = dx \cdot dy \cdot dz$ und nach der Verformung:

$$dV + \Delta dV = dx\,(1 + \varepsilon_x) \cdot dy\,(1 + \varepsilon_y) \cdot dz\,(1 + \varepsilon_z).$$

Unter Vernachlässigung der unendlich kleinen Größen höherer Ordnung ergibt sich:

$$dV + \Delta dV = dV + dV\,(\varepsilon_x + \varepsilon_y + \varepsilon_z).$$

Bildet man diese Änderung von $dV$ bezogen auf die Einheit des ursprünglichen Rauminhaltes, so erhält man die kubische Dehnung mit

$$(17)\qquad e = \frac{\Delta dV}{dV} = \varepsilon_x + \varepsilon_y + \varepsilon_z\,.$$

Wendet man diese Gleichung für den einfachen Fall an, bei dem nur in der Stabachse eine Spannung ($\sigma_x$) als Kraft auf den Elementarkörper wirkt, so ergibt sich nach Gl. (16):

$$\varepsilon_x = \pm \frac{\sigma_x}{E}\,,\quad \varepsilon_y = \varepsilon_z = \mp \frac{1}{m}\frac{\sigma_x}{E}$$

und dafür wird nach Gl. (17) die kubische Dehnung

$$(18)\qquad e = \pm \frac{\sigma_x}{E}\,\frac{m - 2}{m}\,,$$

wobei das obere Vorzeichen für eine in der $x$-Achse wirkende Zugkraft, das untere für eine Druckkraft gilt. Aus Gl. (18) folgt für $e = 0$ die untere Grenze der Querdehnungszahl zu:

$$(19)\qquad m_{\min} = 2.$$

Diese Größe der Querdehnungszahl gilt also für Stoffe, die bei einem gewissen Spannungszustand ihren Rauminhalt nicht ändern ($e = 0$), also nicht zusammendrückbar sind. Mittels dieser Beziehung berechnet man angenähert die beim Pressen von Flüssigkeiten entstehenden Druckspannungen in Behälterwänden.

Die obere Grenze der Querdehnungszahl ergibt sich nach Gl. (18) aus

$$e = \pm \frac{\sigma_x}{E}\left(1 - \frac{2}{m}\right)$$

zu

(20) $$m_{\max} = \infty,$$

so daß $e = \pm \frac{\sigma_x}{E}$ wird. Diese Annahme bedeutet die Vernachlässigung des Einflusses der Querdehnung.

2. Beispiel. Der obere Teil eines Lehrgerüstes lagere zum Absenken auf Sandtöpfen (Bild 22). Durch eine Fläche von ⌀ 25 cm wird vom Gerüst eine Kraft von 30 t auf den Sand übertragen.

Wie groß sind die auf die Zylinderwand ausgeübten Spannungen? Im $XYZ$-System ist der Druck

$$\sigma_z = \frac{P}{F}.$$

Die Dehnungen in der $X$- und $Y$-Richtung sind nach Gl. (16)

$$\varepsilon_x = \pm \frac{1}{E}\left(\sigma_x - \frac{\sigma_y}{m} - \frac{\sigma_z}{m}\right)$$

oder, da $\sigma_y = \sigma_x$,

$$\varepsilon_x = \pm \frac{1}{E}\left[\sigma_x\left(1 - \frac{1}{m}\right) - \frac{\sigma_z}{m}\right].$$

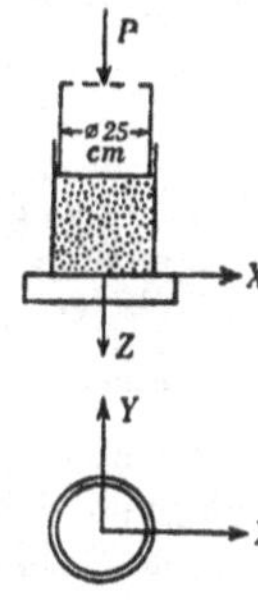

Bild 22.

Daraus wird $\sigma_x$ errechnet für die Bedingung, daß im Augenblick des elastischen Gleichgewichtes $\varepsilon_x = 0$ ist und indem für $\sigma_z$ der oben angegebene Wert eingesetzt wird.

$$0 = \frac{1}{E}\left[\sigma_x\left(1 - \frac{1}{m}\right) - \frac{P}{m \cdot F}\right]$$

$$\sigma_x = \frac{P}{(m-1)F}.$$

Nimmt man für Sand $m = 6$ an, so ergibt sich der Wanddruck

$$\sigma_x = \sigma_y = \frac{1}{5} \cdot \frac{P}{F} = \frac{30000}{5 \cdot 491} = 1223 \text{ kg/cm}^2.$$

Wäre dagegen die Füllung Wasser oder Öl mit angenähert $m = 2$, so ergäbe sich

$$\sigma_x = \sigma_y = \sigma_z = \frac{P}{F} = \frac{30000}{491} = 6110 \text{ kg/cm}^2,$$

d. h. die Spannungen wären in allen drei Richtungen $X, Y, Z$ gleich groß.

### 9. Die Kerbzähigkeit und die Stoßfestigkeit

a) Außer den durch den üblichen Zerreiß-Versuch festzustellenden Werten der Streckgrenze und der Zugfestigkeit wird beim Baustahl noch eine möglichst große Zähigkeit gefordert, damit er bei der Kaltverarbeitung (also beim Richten und Biegen) nicht bricht. Schon beim Zerreißversuch ergeben sich drei Kennziffern als Anhalt für die Zähigkeit, nämlich die Bruchdehnung $\delta_B$ und die Querkontraktion $\psi$ und endlich der daraus abgeleitete Wert der Güteziffer $\sigma_B \cdot \delta_B$ (s. Taf. 1). Einen zuverlässigen Maßstab für die Zähigkeit liefert die bekannte Kaltbiegeprobe (zur Prüfung von Baustahl und Moniereisen), bei der ein Stab oder Blech um einen Dorn von der zweifachen Stabdicke gebogen wird (Bild 23) bis zu einem Biegewinkel von $\alpha = 180^0$ ohne daß Risse $R$ an der Außenseite auftreten dürfen. (Bei der Prüfung von Schweißnähten werden infolge der größeren Sprödigkeit des Schweißgutes oft nur wesentlich kleinere Biegewinkel, z. B. $60^0$, erreicht und daher dieser als Grenzwert vorgeschrieben.) Im Eisenbetonbau gehört die Durchführung dieser

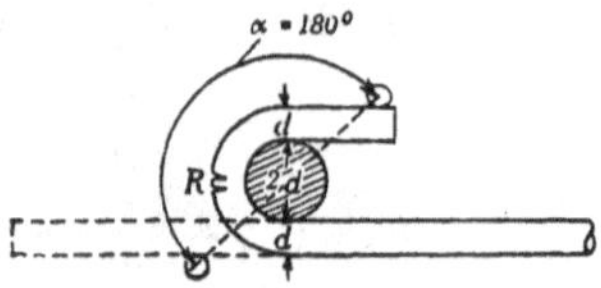


Bild 23. Kaltbiegeprobe.

Biegeprobe mit Moniereisen an der Baustelle zu den besonderen Pflichten des verantwortlichen Bauleiters.

Endlich gibt der Kerbschlag-Versuch zuverlässige Zahlenwerte zum Vergleich verschiedener Stahlsorten bei stoßweiser Beanspruchung. Ein Pendelhammer mit dem Gewicht $G$ fällt aus der Lage 1 herab, durchschlägt den waagerecht gestützten Probestab (mit den Abmessungen, s. Bild 25c u. d) und schwingt bis zur Lage 2 durch (Bild 24). Die geleistete Arbeit ist dann

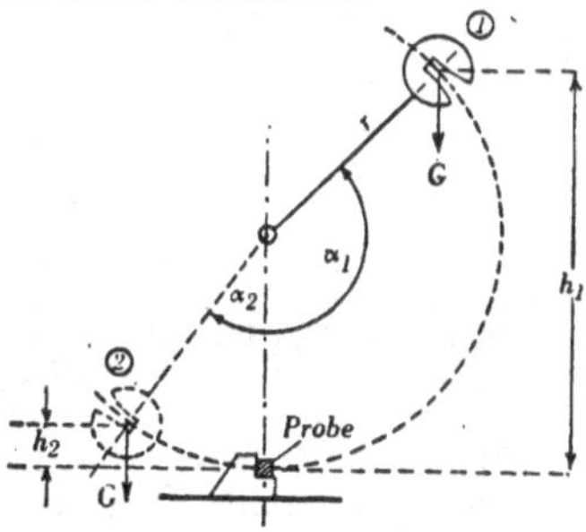


Bild 24. Kerbschlag-Versuch.

$$\frac{G\cdot(h_1-h_2)}{v} = \mathfrak{A}_v \left(\text{in } \frac{\text{kg}\cdot\text{cm}}{\text{cm}^3}\right)$$

und gibt die Energie an, mit der das Volumen $(ABDC) = V$ (Bild 25a) bis zum Bruch geladen wird. Durch Anordnung eines in seiner Form genormten Kerbes (Bild 25b) wird das Volumen $ABCD$, das die Energie aufzunehmen hat, im Vergleich zum Vollstab wesentlich verkleinert.

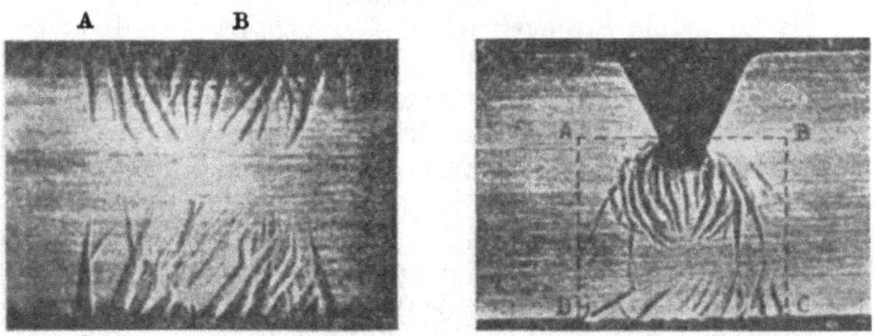


Bild 25a und b. Verformtes Volumen des ungekerbten und gekerbten Stabes beim Kerbschlag-Versuch.

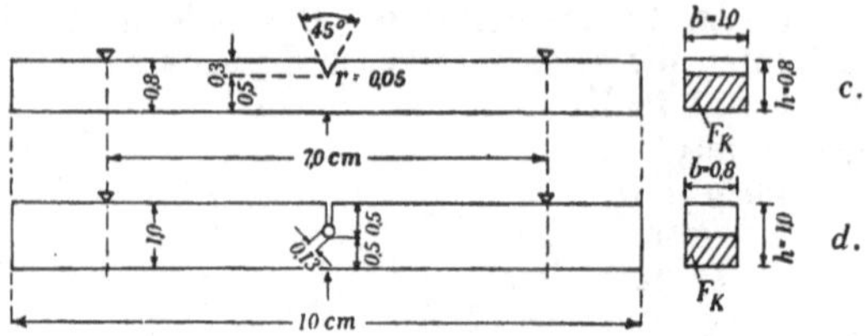


Bild 25c und d. Probekörper mit Spitz- und Rundkerb für den Kerbschlag-Versuch.

Für genormte Probestäbe genügt es, die Schlagarbeit auf den Bruchquerschnitt $F_k$ (z. B. in Bild 25c und d auf $F_k = 0{,}5 \cdot 1{,}0 = 0{,}5\ \text{cm}^2$) zu beziehen und die sog. Kerbzähigkeit als

$$A_k = \frac{\mathfrak{A}}{F_k \cdot 1} = \frac{G(h_1 - h_2)}{F_k \cdot 1}$$

$\left(\text{in } \frac{\text{kg} \cdot \text{cm}}{\text{cm}^2 \cdot 1\ \text{cm}}\right)$ anzugeben.

Diese Kerbzähigkeit $A_k$ ist heute für die Auslese des geeignetsten Baustoffes im Maschinenbau von großer Bedeutung, besonders bei Dauerbeanspruchungen von Maschinenteilen, z. B. in Kraftfahrzeugen und Flugzeugen. Durch leichte Verletzung der Oberfläche, durch unstetige Querschnittsveränderung und durch gewaltsame Einwirkungen sind häufig plötzliche Brüche und Unfälle herbeigeführt worden.

Da bei diesem Biegeversuch die Versuchsgeschwindigkeit $v$, die Querdehnung $m$ (durch die Gestaltung der Kerbform) und die Körpertemperatur (besonders der Einfluß der Kälte vor allem bei Schweißnähten von Brücken) leicht verändert werden können, bildet er eine wertvolle Ergänzung des üblichen Zerreißversuches. Eine Verbindung mit der Festigkeitslehre erhält man durch die Querdehnungszahl[11]).

b) Das grundsätzlich verschiedene Bruchgefüge bei Körpern aus Stahl läßt deutlich den plötzlichen Trennungsbruch mit grobkristallinischem Gefüge und dem sich

[11]) s. W. Gehler, Schrifttum Nr. 5, S. 224.

langsamer vollziehenden Verfestigungsbruch mit feinkörnigem Gefüge erkennen, der bei plastischen Baustoffen (wie an der Zerreißfläche eines Zugstabes aus Flußstahl) als Formänderungsbruch und bei spröden Baustoffen (wie beim Betonwürfel) als Gleitflächenbruch bezeichnet wird. Auch die bekannten Fließfiguren sind Gleitflächen, die am Rande des Körpers beginnen und nach innen zu fortschreiten. Die Zunahme der Formänderungsarbeit $A$ entsteht dadurch, daß sich die Kristalle an diesen Gleitflächen verschieben (bei starker Zunahme der Dehnung $\delta$), während sich die Kristallkörner gleichzeitig bis zu einem Höchstmaße fortschreitend verfestigen (Zunahme der Spannung $\sigma$). Ist endlich die Formänderungsfähigkeit der einzelnen Kristalle durch Abschieben in den Gleitfächen erschöpft, so tritt der Verfestigungsbruch ein. Der Trennungsbruch folgt dagegen entweder den Kristallgrenzen oder er spaltet die Kristalle ohne sie zu verformen oder zu verfestigen (z. B. auch bei Glas und Porzellan). Bei Baustahl kann er leider dann auftreten, wenn die Ausbildung der Querdehnung gehemmt wird, wie z. B. bei dem Körpervolumen $LFHS$ eines gelochten Stabes in Bild 26.

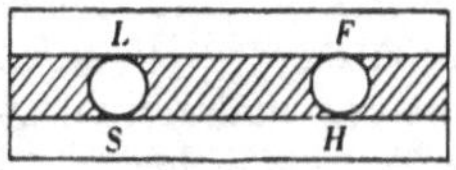

Bild 26. Hemmung der Verformung im Körpervolumen eines gelochten Stabes.

Versuche haben ergeben, daß z. B. beim Zugversuch mit Si-Stahl die Bruchdehnung gelochter Bleche um ein Drittel kleiner ist, als die bei entsprechenden ungelochten Blechen.

Trennungsbrüche sind außerdem zu befürchten bei einspringenden Ecken ohne genügende Ausrundung und bei Verletzungen der Oberflächen (z. B. bei Einkerbungen mittels Körner zur Festlegung von Meßpunkten).

c) Als Beispiel diene ein Versuchsergebnis von Prof. W. Schwinning-Dresden und Dr. K. Matthaes[12]). Probekörper von $20 \cdot 20 \cdot 180\ mm^3$ mit sog. Normalspitzkerb von 8 mm Tiefe wurden bei $18^0$ Temperatur zunächst langsam gebogen (mit $v = 1$ mm/Min.) und sodann mit dem Pendelhammer geschlagen (mit $v = 200000$ mm/Min.), wobei die Durchbiegungen

[12]) s. W. Schwinning u. K. Matthaes, Schrifttum Nr. 7, Heft 78, S. 3

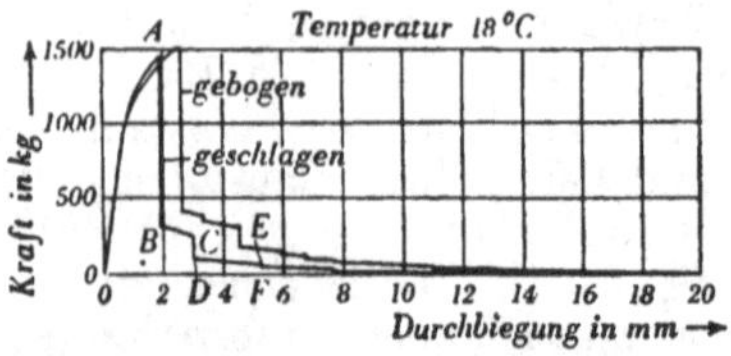


Bild 27. Kraft-Durchbiegungs-Linien gebogener und geschlagener Probestäbe bei 18° C.

mit einem besonders[8] empfindlichen optischen Instrument gemessen wurden. Die lotrechten Strecken $AB$, $CD$, $EF$ in Bild 27 kennzeichnen jeweils einen Trennungsbruch, bei dem keine meßbare Durchbiegung auftritt, also auch keine Formänderungsarbeit $A$ geleistet wird. Die nahezu waagerechten Zwischenstrecken zeigen jeweils einen Verfestigungsbruch mit Gleitverschiebungen. Sie treten dann ein, wenn der Trennungswiderstand jeweils größer als der Verfestigungswiderstand geworden ist. Die Arbeitsfläche beträgt bei der geschlagenen Probe $A_{St} = 240$ kg/cm², dagegen bei der langsam gebogenen Probe $A_{Bg} = 410$ kg/cm² $= 1{,}7\, A_{St}$. Gemäß Bild 8 kann die Leistung dadurch veranschaulicht werden, daß als Ordinaten die Arbeitsflächen $A_{Bg}$ und $A_{St}$ aufgetragen werden und als Abszissen die reziproken Werte der Zeit, die den Geschwindigkeiten $v$ proportional sind. Als Verhältnis der Leistungsgrößen erhält man somit:

$$L_{St} : L_{Bg} = (240.200000) : (410 \cdot 1) = 117000.$$

Hieraus erkennt man die außerordentlich große Zähigkeit von Baustahl, die ihn zum unersetzlichen Baustoff für Stoßbeanspruchungen macht.

d) Die Kerbwirkung läßt sich durch die Spannungsspitzen veranschaulichen, die an den eingekerbten Stellen eines sonst gleichmäßig beanspruchten Zugstabes auftreten (s. Punkt $B$ und $B'$ in Bild 28 mit $\sigma_{max} = 3500$ kg/cm² $= 3{,}5\, p$).

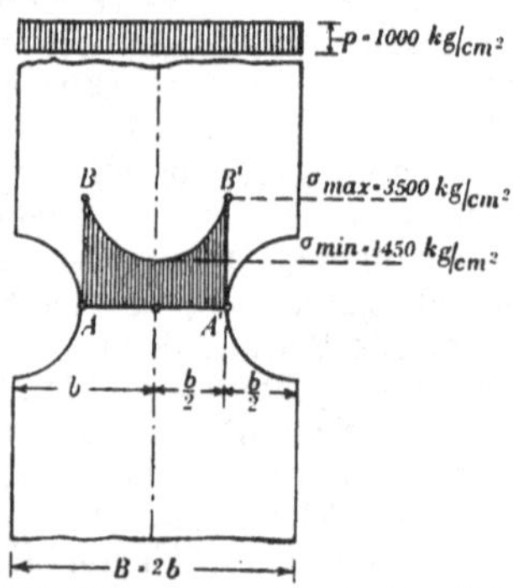


Bild 28. Spannungen im gekerbten Stab.

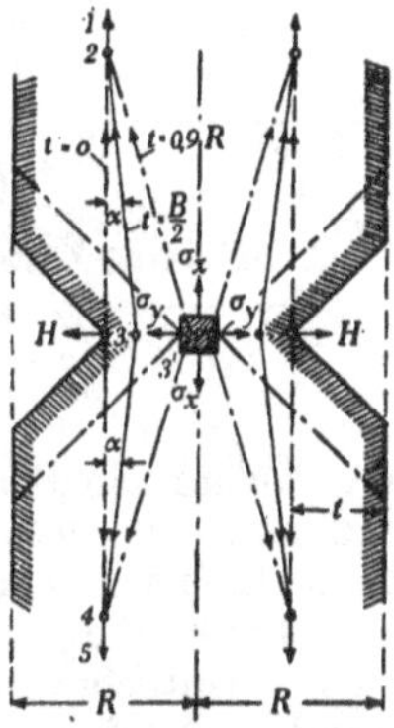

Bild 29. Modellartige Veranschaulichung der Längs- und Querspannungen eines gekerbten Zugstabes.

Da in $A$ und $A'$ dabei die Spannungsgrenze $\sigma_S = 2400$ kg/cm² überschritten wird, beginnt bei statischer Belastung hier der Baustoff zu fließen und durch plastische Verformungen einen Spannungsausgleich herbeizuführen. Werden dagegen Schwingungsbeanspruchungen mit schnellem Wechsel zwischen einer oberen und einer unteren Spannnugsgrenze ausgeübt, wobei dem Baustoff keine Zeit zur Verformung bleibt, so muß hier ein Trennungsbruch eintreten.

e) Die Trennfestigkeit läßt sich dadurch veranschaulichen, daß man Bild 29 als ein Modell auffaßt, bei dem man sich die geknickte Linie der Kraft durch einen gezogenen Draht ersetzt denkt, der sich gerade strecken will und somit eine waagerechte Abtriebskraft $H$ nach der Seite zu ausübt. Denkt man sich Bild 29 als Schnitt eines Rundstabes, so entsteht dabei auch eine zweite, nach vorn gerichtete waagerechte Zugkraft $H$ und im Grenzfall einer Kerbtiefe $t = \sim R$ die nach den drei Koordinaten-Richtungen wirkenden Zugbeanspruchungen eines unendlich kleinen Würfels im Punkte $C$. Das ist der Fall der sog. Trennfestigkeit, die hiernach versuchsmäßig ermittelt werden kann und sich für Baustahl St. 37 etwa zu $s_T = 3 \cdot \sigma_B =$ rd. 12000 kg/cm² ergibt. Dieser technisch physikalische Wert der Trennfestigkeit bildet den Ausgangspunkt für die Erforschung der Dauerfestigkeit (s. Bd. II).

f) Die Stoßfestigkeit. Erreicht die Fallhöhe eines Gewichtes, z. B. einer Bombe, 500 bis 2000 m, so beträgt die Endgeschwindigkeit, mit der der Körper auftrifft, 100 bis 200 m/sec. Dann vollzieht sich die Zerstörung so schnell, daß der Baustoff keine Zeit hat, meßbare Bewegungen infolge der Spannungen auszuführen, sodaß die Betrachtung der Formänderung vollständig ausscheidet. Die Brucherscheinungen sind dann bei einer Platte nach einer Hypothese des

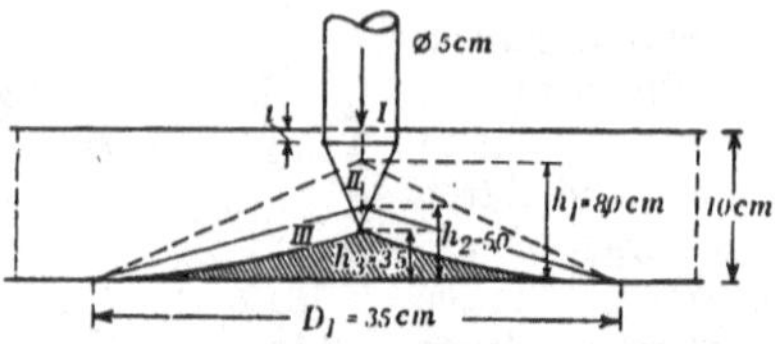


Bild 30. Stoßwirkung eines Fallgewichtes aus sehr großer Höhe.

Verfassers I. zunächst das Eindringen des Fallgewichtes an der Oberfläche, wobei der Eindringungswiderstand oder die Härte überwunden werden muß (bei I in Bild 30) II. bildet sich sodann ein Druckkegel II aus mit Gleitflächen und III. endlich ein Sprengtrichter III an der Plattenunterfläche (wobei z. B. bei Eisenbeton durch Vergrößerung der Betongüte und durch waagerechte Eisenstäbe der seitliche Zusammenhalt wesentlich verbessert werden kann). Der Gesamtwiderstand eines Körpers gegen derartige Stoßwirkungen kann versuchsmäßig genau festgestellt werden.

## 10. Die Wärmespannungen und das Schwinden und Kriechen von Beton

A. Wärmespannungen entstehen in einem Körper, wenn der Ausdehnung oder Verkürzung infolge Temperaturänderung ein Widerstand entgegengesetzt wird. Sie werden aus der Formänderung berechnet, die der Körper infolge des Widerstandes erleidet.

Ist ein Stab mit beiden Enden fest eingespannt, so sind die Temperaturspannungen bei einer Erwärmung um $t^0$ nach dem Elastizitätsgesetz

$$(21)\qquad \begin{cases} \dfrac{\Delta l_t}{l} = \alpha_t \cdot t = \dfrac{\sigma_t}{E}, \\ \text{oder } \sigma_t = \alpha_t \cdot t \cdot E \end{cases}$$

(also unabhängig von der Stablänge $l$).

Die Ausdehnungsziffern $\alpha_t$ und die für die Rechnung zugrunde zu legenden Temperaturunterschiede $t$ betragen

a) für Stahl (gemäß DIN 1050)

$\alpha_t = 0{,}000012$ (für $1^0$ Temperaturänderung)

$t = \pm 35^0$

bei einer mittleren Aufstellungstemperatur von $+ 10^0$.

b) für Eisenbeton (gemäß Din 1045)

$\alpha_t = 0{,}000010$ (für $1^0$ Temperaturänderung)

$t = \pm 15$ bis $\pm 20^0$

bei einer mittleren Ausführungstemperatur von $+10^0$. Bei Bauwerken aus Beton, deren geringste Abmessung $\geqq 70$ cm ist, oder die durch Überschüttung und andere Vorkehrungen Temperaturänderungen weniger ausgesetzt sind, können die Temperaturunterschiede um $5^0$ ermäßigt werden.

c) für Mauerwerk (gemäß DIN 1075):

Quader- und Bruchsteinmauerwerk $\alpha_t = 0{,}000008$

Ziegelmauerwerk $\alpha_t = 0{,}000005$

B. Schwinden und Kriechen von Beton. Beton, der nach der Herstellung an der Luft erhärtet, ist bestrebt, sich zusammenzuziehen, d. h. er schwindet. Ist ein Betonbauteil derartig gelagert, daß diese Formänderungen widerstandslos eintreten können, so werden durch sie keine Spannungen auftreten. Bei Eisenbetonbauteilen bilden aber die Eisen Hindernisse für eine widerstandslose Verkürzung der Betonfasern. Durch die Haftung der Eisen am Beton erhält dieser beim Schwinden Zug- und die Eisen Druckspannungen, die als Verbundschwindspannungen bezeichnet werden. Bei statisch unbestimmten Tragwerken, z. B. einem dreiseitigen Rahmen, dessen Fußpfosten festgehalten werden, führt das Schrumpfen zur Verkürzung der beiden Rahmenpfosten und des Rahmenriegels, also zu einer ähnlichen Beanspruchung wie bei einem bestimmten Temperaturabfall. Deshalb werden diese statischen Schwindspannungen gemäß DIN 1075 § 1 b durch einen Temperaturabfall berücksichtigt. Er beträgt:

a) bei Rahmen und rahmenartigen Tragwerken aus Eisenbeton . . . . . . . . . . . . . . . . . . . . . . . . . $15^0$

b) bei bewehrten Betonbögen und Gewölben mit wenigstens 0,5% gesamter Längsbewehrung . . . . . . . . $15^0$
mit weniger als 0,5% . . . . . . . . . . . . . . . $20^0$

c) bei unbewehrten Gewölben . . . . . . . . . . . . $25^0$

wobei für Bogen und Gewölbe Betonierung in Lamellen vorausgesetzt ist. Andernfalls ist der zu berücksichtigende Temperaturabfall um $5^0$ zu erhöhen. Als bewehrte Betonbögen und

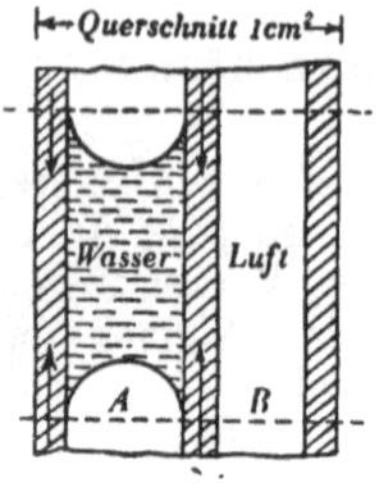


Bild 31. Poren des Betons.

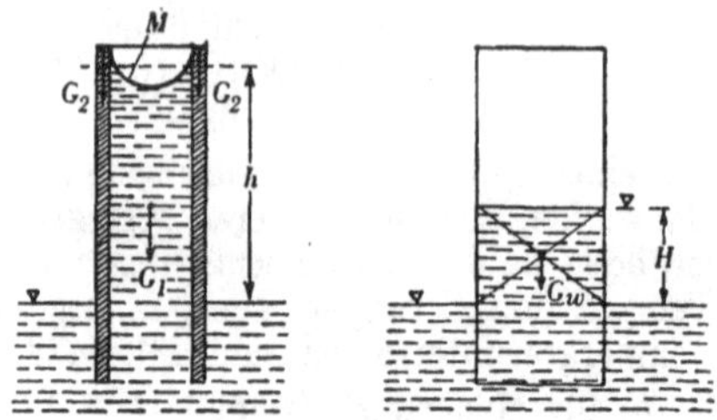


a. b.

Bild 32a und b. Gleichnis zwischen der Steighöhe im engen Kapillarrohr (*a*) und im Betonprisma (*b*).

Gewölbe gelten nur solche, deren Längsbewehrung oben und unten mindestens je 6 cm² auf 1 m Gewölbebreite und zusammen mindestens 0,1% beträgt. Diese rein geometrische Vorstellung des Schwindvorganges, bei der man sich die Grundform durch Schrumpfen in ein geometrisch ähnliches Gebilde überführt denkt, gibt dem Konstrukteur zwar einen Weg zur Berechnung der Schwindspannungen an, erklärt aber noch nicht ihr Wesen.

Eine anschauliche Vorstellung der inneren Vorgänge beim Schwinden und Kriechen (Formänderungen infolge Dauerdruckspannungen) ergibt sich auf Grund der Versuche des Amerikaners Davis, des Engländers Glanville und des Belgiers Dutron, sowie der Hypothesen von Freyssinet und Gehler[13]). Der Beton ist ein porig-fester Körper, der aus wassergefüllten und trockenen Poren besteht (s. *A* und *B* in Bild 31). Wird eine Betonsäule vollständig ausgetrocknet bis zum Gewicht $G_B$ und am Fuße in ein Wasserbad gestellt, so saugen die mit der Außenwelt in Verbindung stehenden Poren eine Wassermenge vom Gewicht $G_w$ auf, die durch die Kapillarwirkung bis zur Höhe $H$ über den Wasserspiegel ansteigt (Bild 32b). Als Gleichnis dient das bekannte Modell einer dünnen zylindrischen Glasröhre (Bild 32a), in der der Meniskus $M$ in die Form der Halbkugel übergeht.

13) s. W. Gehler, Schrifttum Nr. 2, S. 143, 389 u. 401.

Er wirkt wie eine gespannte Membran von zwei Millionstel mm Dicke, an dem die gehobene Wassersäule mit dem Gewicht $G_1$ hängt (da das Wasser bekanntlich eine gewisse Zugfestigkeit hat). Auf die Rohrwand werden dann die Stützkräfte $G_2$ übertragen. Die dabei entstehenden Zusammendrückungen der Wand sind die zu messenden Verkürzungen des Betonkörpers beim Schwinden oder Kriechen.

Nach der Steighöhen-Hypothese von Gehler ist dann die versuchsmäßig festzustellende Kennziffer $\omega = G_w : G_B$ zugleich das Verhältnis des Volumens der wassergefüllten Poren zum gesamten Betonvolumen und ferner die Steighöhe im Beton $H = \omega \cdot h$ (s. Bild 32a und b). Damit ist der Anschluß an die bekannte Kapillartheorie erreicht und eine rechnerische Lösung ermöglicht. Der Wasserporengehalt $\omega$ hängt nach den Stuttgarter Versuchen mit der Würfelfestigkeit des Betons $W_b$ eng zusammen, wobei für Kiesbeton $\omega = 13 : (W_b + 65)$ ist. Bei einem sehr kleinen Wasserporengehalt $\omega = 4\%$ wird $W_b =$ rd. 300 kg/cm², bei $\omega = 12\%$ wird dagegen $W_b =$ rd. 50 kg/cm².

Hiernach ergibt sich rechnerisch als Betonpressung beim Schwinden, das nach 6 Monaten zur Ruhe kommt, der hohe Wert von rd. 100 kg/cm² und als Elastizitätsmaß $E_s = 250$ t/cm². Dagegen kann beim Kriechen, das erst nach 5 Jahren abklingt, der Wert $E$ von 300 t/cm² auf 200 und 100 t/cm² absinken, also die Formänderung bis auf das Dreifache anwachsen (da $\delta = \sigma : E$ ist). Hieraus erklärt sich die Gefährdung der Standsicherheit durch Kriechen besonders beim Ausknicken von Eisenbetonbogenbrücken[14]) und besonders durch zu starke Scheitelsenkung beim Dreigelenkbogen.

Zur planmäßigen Verringerung des Kriechmaßes bieten sich zwei Möglichkeiten:

a) Man erhöht die Festigkeit der Porenwände I. durch Erhöhung des Zementgehaltes (wobei das Schwindmaß allerdings etwas anwächst), oder durch fetteres Mischungsverhältnis, ferner II. durch Anwendung von hochwertigem Zement und endlich III. durch Verlängerung der Kriechschonzeit (d. i. die Wartezeit bis zum Ausrüsten).

---

[14]) s. Fr. Dischinger, Schrifttum Nr. 8, S. 487.

b) Man verringert den Wasserporenanteil durch I. bessere Kornzusammensetzung des Kiessandes, II. Anwendung von Beton mit weniger Wasserbedarf (Kiesbeton anstatt Splittbeton), III. Erhöhung des Mörtelgehaltes (Verringerung um mehr als 50%), IV. Zusatz von Ton (nach Graf).

Für die Berechnung anzunehmende Kriechmaße wurden mit

$$\varphi = \frac{\text{Kriechdehnung}}{\text{elast. Dehnung}} = E_b \cdot a_k$$

erstmalig in den „Richtlinien für die Bemessung vorgespannter Stahlbetonbauteile" (Din 4227, 7. Entwurf Jan. 1950) für unbewehrten Beton angegeben. Sie beziehen sich auf eine Betonfestigkeit zur Zeit der Aufbringung der Dauerlast von $W_b = 0{,}75\ W_\infty$ (Endfestigkeit), was ungefähr $W_{b28}$ entspricht. Sie sind in Abhängigkeit vom Feuchtigkeitsgehalt der Luft angegeben und nennen für „allgemein im Freien" $\varphi = 2{,}00$ bis $3{,}00$. Da jedoch $E_b$ (Elastizitätsmodul Beton) eine veränderliche Größe darstellt, ist die Kriechzahl $\varphi = E_b \cdot a_k$ keine ursprüngliche Materialkonstante. Für $\varphi = 2{,}00$ bis $3{,}00$ ergeben sich z. B. mit $E_b = 300000$ kg/cm² für $a_k$ die Größen $0{,}667.10^{-5}$ und $1{,}00.10^{-5}$ cm²/kg.

In vorgespannten Stahlbetonkonstruktionen geht durch das Schwinden des Betons und durch das Kriechen, hervorgerufen durch die Dauerdruckspannung, welche die vorgespannten Stähle auf den Beton ausüben, ein Teil der Vorspannung verloren. Hierfür gibt Din 4227 7. Entw. Jan. 1950 für „allgemein im Freien" bei Spannbettspannungen $\leq 8000$ kg/cm² einen Wert von 1500 kg/cm² als Spannungsabfall an, für solche von $> 8000$ kg/cm² 1700 kg/cm². Damit erklärt sich auch, warum bei früheren Versuchen mit vorgespannten Rundstählen St. 37 infolge der zu geringen Höhe der Vorspannung keine Vorteile erzielt wurden.

Diese heute übliche Art der Berechnung des Kriech-Einflusses gründet sich mit den amerikanischen Versuchen von Davis auf die Anwendbarkeit des Hooke'schen Gesetzes. Neuere französische Versuche[15]) haben jedoch für plastische

[15]) Schwarz, Über französische Versuche zur Frage der plastischen Verformung des Betons, Beton- u. Stahlbetonbau 1950, H. 3, S. 56.

Verformungen von unbewehrtem Beton unter Dauerlasten (Druck-Kriechen) keine Proportionalität zwischen Dehnungen und Spannungen feststellen können. Eine allgemeine Bestätigung dieser Versuche würde eine Abhängigkeit des Kriechmaßes von der Betonspannung bedingen.

3. Beispiel. Für eine 24 m lange Schiene soll die Länge der Stoßfuge berechnet werden unter der Voraussetzung, daß sich die Schienen bei 50° Temperatur spannungslos berühren und die Montagetemperatur 0° ist.

Als Ausdehnung erhält man bei einem Temperaturunterschied von 50° mit der Ausdehnungsziffer $\alpha_t = 0{,}000012$

$$\Delta l = l \cdot \alpha_t \cdot t = 24 \cdot 0{,}000012 \cdot 50 = \underline{14{,}4\ \text{mm}}\ .$$

Welche Spannungen $\sigma$ entsehen, wenn die Temperatur auf 80° steigt? Wie groß ist dann die in den Schienen wirkende Kraft $P$ bei einem Schienenquerschnitt von 40 cm²?

$$\sigma = \alpha_t \cdot t \cdot E = 0{,}000012\ (80-50) \cdot 2100000$$

$$\sigma = \underline{755\ \text{kg/cm}^2}$$

$$P = \sigma \cdot F = 755 \cdot 40 = 30200\ \text{kg} = \underline{30{,}2\ t}.$$

4. Beispiel. Eine Eisenbetonsäule vom Querschnitt 80/80 cm und der Höhe $h = 4{,}00$ m (nach Bild 33) sei oben und unten eingespannt. Welche Druckkraft $P$ übt sie bei einer Temperaturerhöhung von 30° auf die Einspannungsstellen aus?

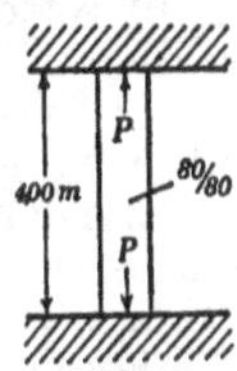

Bild 33.

Aus $\sigma = \alpha_t \cdot t \cdot E$ und $P = \sigma \cdot F$ erhält man

$$P = \alpha_t \cdot t \cdot E \cdot F$$

und mit den Werten $\alpha_t = 0{,}00001$ und $E = 210000$ kg/cm² für Eisenbeton ergibt sich

$$P = 0{,}00001\ .\ 30 \cdot 210000 \cdot 6400$$

$$P = 403000\ \text{kg} = \underline{403\ t}.$$

Die Kräfte infolge der Wärmewirkuug können somit ungeheuer groß werden und sind daher als „Elementarkräfte" im Bauwesen zu bezeichnen.

## 11. Einfluß der Körpertemperaturen auf die Zugfestigkeit

a) Stahl. Wird die Temperatur des Versuchskörpers von 20° beginnend erhöht, so steigt die Zugfestigkeit des Stahles infolge Veränderung der Kristallite von ihrem normalen Wert erst langsam, dann stärker bis zu ihrem Höhepunkt

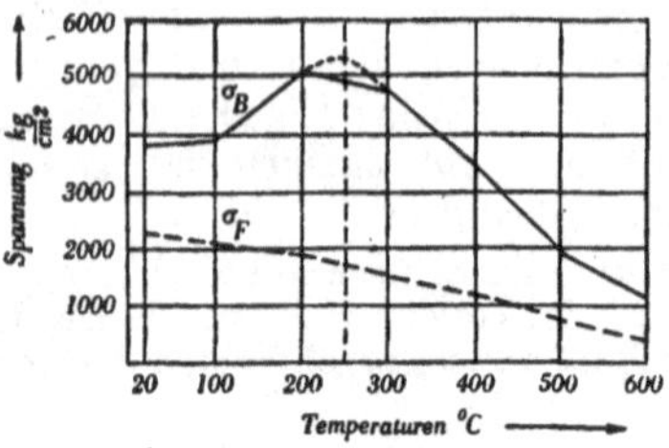


Bild 34. Verhalten von Stahl bei hohen Temperaturen.

bei 250° an und sinkt bei weiteren Temperaturerhöhungen gleichmäßig ab. Bild 34 zeigt die Veränderungen der Bruchspannungen $\sigma_B$ und der Fließgrenze $\sigma_S$ eines Stahlstabes mit schwachem Kohlenstoffgehalt bei Temperaturerhöhung [16]). Man erkennt daraus, daß ungeschützte Stahlkonstruktionen in einem Schadenfeuer sehr gefährdet sind, weil bei 600° Körpertemperatur der Wert der Bruchfestigkeit etwa auf den der zulässigen Spannung ($\sigma_{zul} = 1200$ kg/cm²) herabgesunken ist.

Die Zugfestigkeit von **Gußeisen** bleibt bis zur Temperatur von 300° annähernd gleich und beträgt bei 600° etwa noch die Hälfte des Normalwertes. Die Zerstörung von Gußeisen bei hohen Temperaturen tritt explosionsartig ein.

b) **Beton.** Beton ist im Vergleich zu Baustahl ein schlechter Wärmeleiter. Einwandfreie Eisenbetonkonstruktionen haben selbst in Schadenfeuern mit Temperaturen bis 1200° nur geringen Schaden erlitten.

Brandversuche des Deutschen Ausschusses für Eisenbeton mit belasteten Eisenbetonkonstruktionen[17]) und Versuche mit Betonzuschlagstoffen bei hohen Temperaturen[18]) zeigen die Einflüsse auf den Widerstand von Platten und Plattenbalken im Feuer. An **Zuschlagsstoffen** für feuersichere Konstruktionen sind quarzhaltige Gesteine wegen der sprunghaften Quarzumwandlung bei 575° zu vermeiden und dafür Stoffe von geringerer und gleichmäßigerer Wärmedehnung wie Basalt, Diabas und dichte Kalkgesteine zu verwenden. Bei höheren Temperaturen wie 700° zeigen jedoch alle Zuschlags-

---

[16]) Nach Versuchen von **Martens**, s. O. **Wawrziniok**, Handbuch des Materielprüfungswesens, 2 Aufl. 1923 (J. Springer), S. 68.
[17]) s. **Wedler, Kristen, Herrmann**, Schrifttum Nr. 9.
[18]) Deutscher Ausschuß für Eisenbeton Heft 60.

stoffe starke Dehnungen oder starkes Schwinden und Zerfall, außer der Hochofenschlacke (die sich dadurch auszeichnet, daß sie sogar bis 1200° eine gleichmäßige und ziemlich geringe Wärmedehnung von etwa 1% hat). Die Widerstandsfähigkeit gegen Feuer wächst mit der Betongüte, der Dicke und dem Alter eines Konstruktionsteiles. Für die Eiseneinlagen ist die Änderung der Streckgrenze bei Erwärmung maßgebend. Hochwertige Stahlsorten haben nur unbedeutende Erhöhung der Widerstandsfähigkeit gegen Feuer ergeben. Sehr vorteilhaft ist dagegen die Herabsetzung der Gebrauchsspannungen oder der Nutzlasten. Die Versuche zeigten, daß Platten ohne ihre Nutzlast die doppelte und noch längere Brenndauer aushielten als mit Nutzlast.

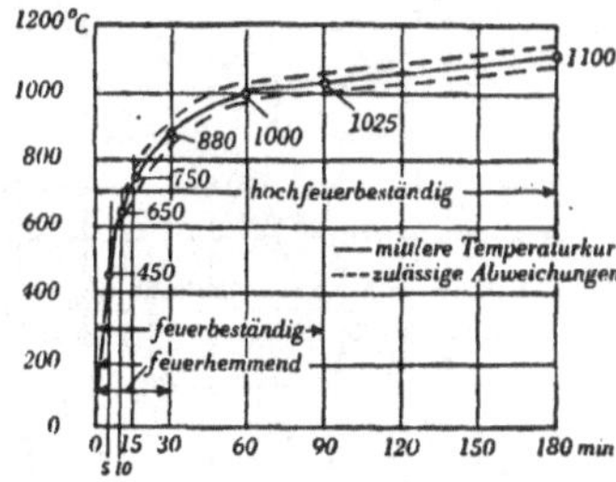

Bild 35. Einheitstemperaturkurve nach DIN 4102.

Die Betondeckung *a* erweist sich mit den normalen Werten von 1 bzw. 1,5 cm als genügend, und eine Erhöhung von 1,5 auf 2,5 cm zeigt nur bei den Plattenbalken-Versuchen eine Verlängerung der Haltbarkeit um 15 Minuten oder 15% der Brenndauer.

Bild 36 zeigt das Ergebnis eines Brandversuches für zwei Plattenbalken durch Darstellung der Temperaturen des Eisens und des Betons in der Mitte und am oberen Rande. Die Versuche wurden durchgeführt nach den baupolizeilichen Bestimmungen über Feuerschutz (DIN 4102), in denen eine Einheitstemperaturkurve für die Brandversuche gegeben ist (Bild 35), wonach „feuerbeständige" Bauteile mindestens 90 Minuten bei Temperaturen bis 1025° und „feuerhemmende" 30 Minuten bei 880° standhalten müssen.

Die Stützweite der Plattenbalken betrug 4,00 m, die Bewehrung bestand aus 4 ∅ 20. Die Balken der Reihe 12 hatten eine Betondeckung $a = 1{,}5$ cm bei $W_{b28} = 120$ kg/cm²,

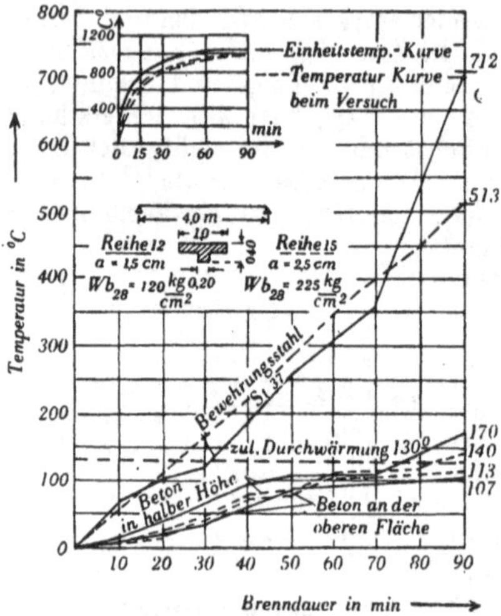


Bild 36. Brandversuche mit Plattenbalken.

die der Reihe 15 dagegen $a = 2{,}5$ cm bei $W_{b28} = 225$ kgcm². Die Temperatur der Bewehrungseisen steigt bei $a = 2{,}5$ cm fast stetig bis auf 513° bei 90 Minuten Brenndauer an, während in der entsprechenden Linie für 1,5 cm Überdeckung bei 350° ein scharfer Knick eintritt und bei 90 Minuten Brenndauer 712° erreicht werden. Die Betondurchwärmung an der Oberfläche bleibt bei beiden Balken unter der geforderten Grenze von 130°, während die für die Balkenmitten 130° bei 77 bzw. 84 Minuten Brenndauer überschreiten.

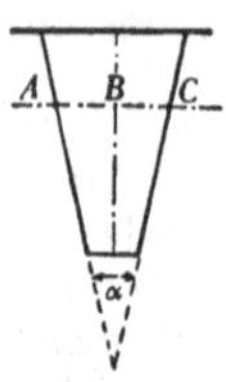


Bild 37. Stab mit trapezförmig verändertem Querschnitt.

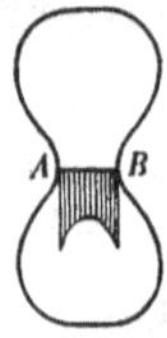


Bild 38. Zementprobekörper für den Zugversuch.

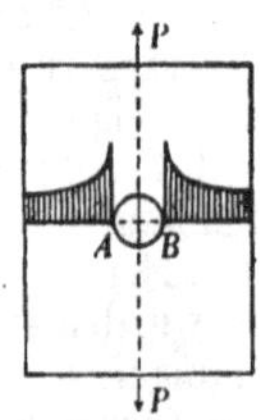


Bild 39. Spannungsspitzen in gelochten Blechen.

Noch größeren Widerstand gegen Feuer leisten durchlaufende Decken oder Plattenbalken, wenn die Eisen genügend weit ins Nachbarfeld eingreifen.

Das beste Mittel zum Schutz von Eisenbetonbauteilen gegen hohe Temperaturen ist eine 1,5 cm starke Putzschicht aus Kalkzementmörtel. Versuche mit geputzten Platten ergaben eine um 53% verlängerte Brenndauer bis zum Bruch, während für dieselben Platten eine Verstärkung der Betondeckung um 1 cm nur 8% Verlängerung bewirkte.

## 12. Zug und Druck in Stäben veränderlichen Querschnittes

Die Grundformel für die Normalkraft $\sigma = \frac{P}{F}$ setzt einen auf die Stablänge gleichbleibenden Querschnitt $F$ voraus. Ist diese Forderung nicht erfüllt, so können in einzelnen Punkten von Stäben mit veränderlichem Querschnitt bedeutend größere Spannungen entstehen, als die nach der Grundformel ermittelten.

Für Träger mit trapezförmigem Querschnitt (Bild 37), der sich gleichmäßig verändert, ergibt die genaue Lösung nach der Elastizitätslehre, daß die Spannungen im Schnitt $A$—$C$ nicht gleichmäßig verteilt sind. Die Spannung bei $B$ ist am größten und nimmt nach $A$ und C hin ab, wobei der Spannungsunterschied mit dem Winkel $\alpha$ wächst. Er beträgt 13% bei $\alpha = 30\%$.

In den bekannten Zementprobekörpern für den Zugversuch ergeben sich die Spannungsspitzen in den Randpunkten nach Bild 38. Sie können das 1,75fache des aus der Grundformel $\sigma = P : F$ errechneten Wertes annehmen. Je schärfer die Krümmungen der Randbegrenzungen der Probekörper sind, um so größer werden die Spannungsspitzen.

Gelochte Bleche haben in den Punkten $A$ und $B$ (Bild 39) Spannungsspitzen bis zum 2,7fachen Werte von $\sigma = P : F$. Ebenso weisen gekerbte Stäbe und Träger mit scharfen Übergängen der Profildicken Spannungsspitzen auf.

## 13. Druckfestigkeit von Prismen

Bei Versuchen mit Stein und Beton zur Bestimmung der Druckfestigkeit ist die Form des Probekörpers von Bedeutung. Versuche von Bauschinger und Bach haben gezeigt, daß die Druckfestigkeit mit zunehmender Höhe der Versuchskörper abnimmt und daß auch die Querschnittsform von Einfluß ist. Dresdner Versuche mit Betonwürfeln[19]) haben bei verschiedenen Kantenlängen $a$ folgende Werte der Würfelfestigkeit $W$ ergeben:

| $a =$ | 5 | 7 | 10 | 15 | 20 | 25 | 30 cm |
|---|---|---|---|---|---|---|---|
| $W =$ | 141 | 128 | 116 | 108 | 100 | 89 | 85 v. H. |

Je kleiner der Würfel ist, um so größer ist also seine Druckfestigkeit, was sich durch die verschieden große Reibung zwischen dem Betonwürfel und den stählernen Druckplatten erklären läßt. Für die Betonprüfung sind daher bestimmte Kantenlängen der Druckwürfel festgelegt worden (DIN 1048), nämlich: für Beton mit groben Zuschlagsstoffen 30 cm, für Eisenbeton 20 cm und ausnahmsweise 10 cm.

Schon Bauschinger hat gezeigt[20]), daß sich die Endflächenreibung nicht mehr auswirkt, wenn die Höhe des prismatischen Druckkörpers mit rechtwinkligem Querschnitt die dreifache Länge der kleineren Grundrißseite hat. Nach neueren Versuchen[21]) ist die Abhängigkeit der sog. Prismenfestigkeit von der sog. Schlankheit der Druckkörper (d. i. das Verhältnis der Höhe $h$ zur Dicke $d$) nach Bild 40 anzunehmen. Hierbei bezieht sich die obere Linie auf die üblichen Druckversuche mit Endflächenreibung[22]) und die untere auf die Versuche, bei denen durch besondere Mittel, z. B. Zwischenlagen von

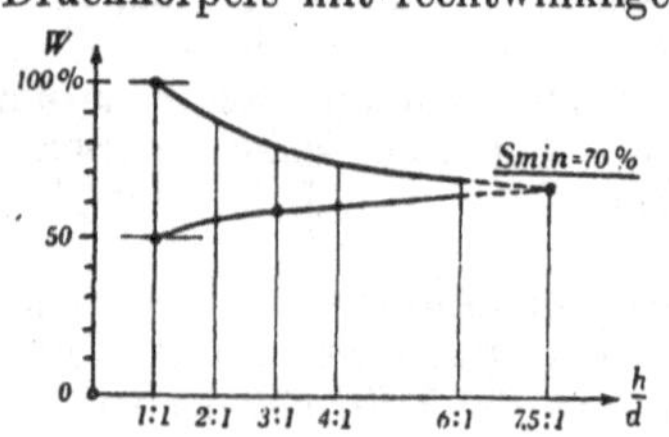

Bild 40. Würfel- und Säulenfestigkeit als Funktion der Schlankheit.

[19]) s. W. Gehler, Schrifttum Nr. 10, Heft 2.

[20]) Bauschinger: Mitt. des Mech.Laborat. der Techn. Hochsch. München 1876, Bd. 6.

[21]) s. Schrifttum Nr. 10, Heft 2.

[22]) Das Vorhandensein von Endflächenreibung, das bisher nur vermutet worden war, wurde durch neue spannungs-optische Versuche (Dresdner Dissertation G. Hofmann, 1941) für Glaskörper nachgewiesen. Dabei wurde an den Kanten für die Endflächenreibung etwa der entsprechende Wert für Reibung von Glas auf Glas erreicht.

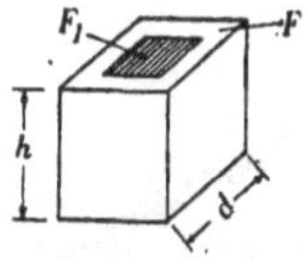


Bild 41a. Teilbelastung eines Quaders.

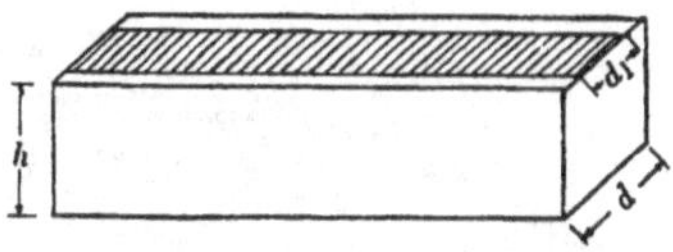


Bild 41b. Streifenförmige Belastung eines Quaders.

Stearin, die Endflächenreibung aufgehoben wurde. Die Prismenfestigkeit wird daher i. d. R. heute zu 70% der Würfelfestigkeit angenommen.

Maßgebend für die zulässigen Spannungen von Beton ist die Würfelfestigkeit nach 28 Tagen der Erhärtung ($W_{b28}$). Sie wird festgestellt nach den „Bestimmungen für Steifeprüfungen und für Druckversuche an Würfeln bei Ausführung von Bauwerken aus Beton und Eisenbeton" (DIN 1048) und muß nach Din 1045 (Stand Aug. 1946) betragen für Beton

der Güteklasse B 120 mindestens 120 kg/cm²
„ „ B 160 „ 160 „
„ „ B 225 „ 225 „
„ „ B 300 „ 300 „

Für fabrikmäßig hergestellte Fertigbauteile (Din 4225, Fertigbauteile aus Stahlbeton) und für Spannbeton auf Nachweis der Würfelfestigkeit (Din 4227, 7. Entw. Jan. 1950) sind als weitere Güteklassen B 450 und B 600 mit mindestens 450 bzw. 600 kg/cm² Würfelfestigkeit nach 28 Tagen zugelassen. Für B 600 und mehr sind allerdings besondere Herstellungsverfahren (z. B. Dampferhärtung) erforderlich, welche zu Betonfestigkeiten bis 1000 kg/cm² führen können.

## 14. Druckfestigkeit bei Teilbelastung einer Fläche

### A. Ebene Flächen

Werden nach Bild 41a u. b Auflagerquader oder Gelenksteine nicht auf der ganzen Fläche $F$ durch Druck belastet, so steigt hierdurch die Druckfestigkeit. Ist in Bild 41a die Höhe $h$ des Quaders mindestens gleich der größeren Seite $d$ der Grundfläche $F$ und bei Streifenbelastung (Bild 41b) mindestens gleich der Breite $d$, so gilt (nach DIN 1075) für die zulässige Pressung der Teilfläche $F_1$ die Formel

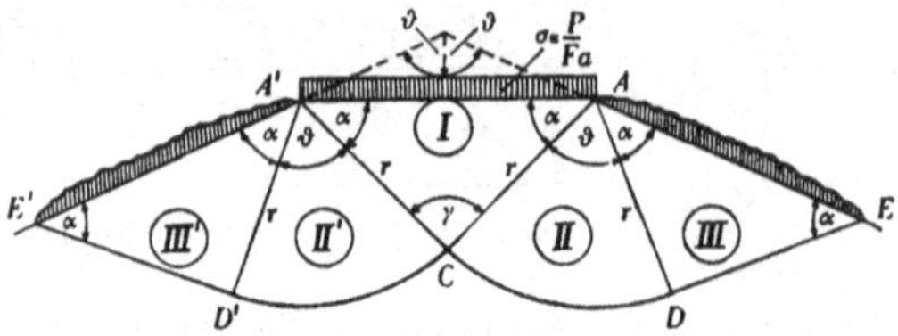


Bild 42a. Gleitflächenzonen für die Schneidenfestigkeit.

$$\text{(22a)} \qquad \sigma_1 = \sigma \sqrt[3]{\frac{F}{F_1}}$$

und für die Pressung im Streifen von der Breite $d_1$ die Formel

$$\text{(22b)} \qquad \sigma_1 = \sigma \sqrt[3]{\frac{d}{d_1}},$$

wobei für $\sigma$ die zulässige Spannung für Rechteckbalken einzusetzen ist (DIN 1075, Tafel 3, Zeile 1). Die zulässige Pressung $\sigma_1$ darf $\frac{W_{28}}{2}$ nicht überschreiten.

Eine Erklärung hierfür gibt die Betrachtung der Gleitflächenzonen nach L. Prandtl-Göttingen für den Fall der sog. Schneidenfestigkeit. Wird ein prismatischer Körper mit dem Querschnitt $EAA'E'$ auf der sog. Schneide (waagerechte Fläche $AA'$) gleichmäßig verteilt mit $\sigma_a = P : F_a$ belastet (Bild 42a), so ergaben für Baustahl die Versuche als „Schneidenfestigkeit"

$$\text{(23)} \qquad \sigma_a = \sigma_S (1 + \vartheta),$$

wenn $\sigma_S$ die Fließgrenze und $\vartheta$ den halben Schneidenwinkel bedeuten. Zur Veranschaulichung dienen die drei Zonen: I. Die Druckkeil-Zone $ACA'$, II. die Übergangszone $ACD$ (bzw. $A'CD'$) mit dem Winkel $CAD = \vartheta$ und III. die Quetschgrenzenzone. (Für $\vartheta = 0$ erhält man nach Bild 42b den bekannten Versuch zur Bestimmung der Quetschgrenze.) Auf den Flächen $AE$ und $A'E'$ wird der Baustoff seitlich herausgequetscht. Der über den beiden Gleitflächen $CE$ und $C'E'$ liegende obere Teil des Körpers wird nach beiden Seiten ab-

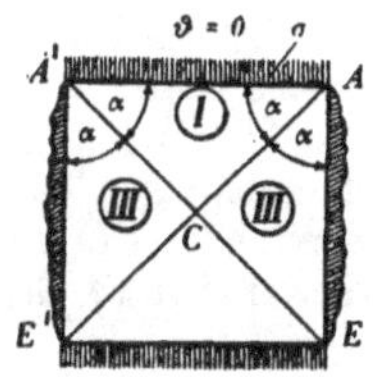

Bild 42b. Würfeldruckversuch als Sonderfall der Schneidenfestigkeit.

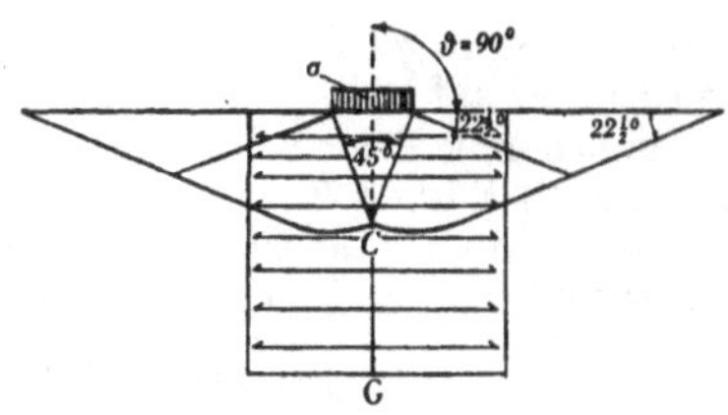

Bild 43. Darstellung des Schwellendruckes.

geschoben (Bild 42a), während der darüberliegende Körper bei Baustahl unzerstört bleibt. Aus dem bekannten Spannungszustand in Zone III kann der in Zone II und I mit Hilfe der Mohrschen Bruchhypothesen berechnet werden[23]), wobei sich Gl. (23) ergibt. Die Erhöhung der Festigkeit $\sigma_a$ gegen $\sigma_S$ erklärt sich aus dem Widerstand in Zone I gegen seitliches Verschieben, der durch die Länge der Gleitflächen $CF$ und $C'E'$ veranschaulicht wird. Bezeichnet (in Bild 42a) $r = AD = AC = A'C = A'D'$ den Halbmesser der Kreisstücke $CD$ und $CD'$, so ist dieses erste Teilstück der Gleitflächen $CD = CD' = r \cdot \vartheta$ und das zweite $DE = D'E' = r$ (da $ADE$ ein gleichseitiges Dreieck ist), also die ganze Gleitfläche $CE = CE' = r(1 + \vartheta)$, womit der Vergrößerungsfaktor in Gl. (23) erläutert ist. Der zweite Sonderfall $\vartheta = 90^0 = \frac{\pi}{2}$ (Bild 43) ergibt den sogen. Schwellendruck, für den man nach Gl. (23) erhält:

$$(24) \qquad \sigma_a = \sigma_S \left((1 + \frac{\pi}{2}\right) = 2{,}57\, \sigma_S.$$

Während bei Baustahl der Winkel $\gamma$ zwischen zwei Gleitflächen, z. B. im Punkte $C$, stets $90^0$ ist (wie auch die Fließfiguren des Zerreißversuches zeigen), ergibt sich dieser Wert bei Beton nur etwa halb so groß, also zu $\gamma = 45^0$. Die Spitze des Druckkeiles bei $C$ ist somit wesentlich schärfer und

[23]) s. W. Gehler, Kapitel Festigkeitslehre im Taschenbuch für Bauingenieure, 5. Aufl., I. Bd., S. 252. (Jul. Springer, Berlin).

spaltet in der Regel den unter $C$ liegenden Körperteil durch einen Riß $CG$ auf. Bei einem Auflagerquader aus Beton erhält man daher mit dem Schneidenwinkel $\vartheta = 90^0$ die Gleitflächen nach Bild 43. Durch waagerechte Eiseneinlagen kann der Bildung dieser Gleitflächen und des Spaltrisses $CG$ vorgebeugt und die Festigkeit des Quaders stark erhöht werden.

### B. Gewölbte Flächen

Für Lager und Gelenke ist auch der Teildruck auf Kugel- oder Walzenflächen von Bedeutung. Die erste befriedigende Lösung dieses Problemes wurde von Heinrich Hertz (1881) gegeben[24]). Allerdings gründete er auch seine Theorie auf eine Reihe von Voraussetzungen. Sie gelten jedoch gut für Stahlkörper unter nicht zu hohem Druck und sind folgende:

1. Die Berührungsflächen der Körper müssen sehr klein im Verhältnis zu ihren Gesamtoberflächen sein.
2. In den Berührungsflächen treten nur Normalspannungen auf[25]).
3. Die Stoffe der Berührungskörper müssen Proportionalitätsgrenzen aufweisen und ihre Formänderungen dürfen nur elastische sein.
4. Die Baustoffe beider Körper müssen homogen und isotrop sein.
5. Die Druckkraft muß in der Richtung der Schwerpunkte beider Berührungskörper wirken.

Nach Entwicklung der allgemeinen Elastizitätsbedingungen und Annahme ellipsenförmiger Verteilung der Spannungen[24]) innerhalb der Druckflächen findet man für die Querdehnungszahl $m = \frac{10}{3}$ folgende Formeln:

a) Kugel auf Kugel. Werden zwei Kugeln unter dem Druck $P$ gegeneinander gepreßt, so verteilt sich der Druck über die Berührungsfläche 2a (Bild 44), deren Halbmesser aus der Formel

[24]) H. Hertz, Ges. Werke Bd. 1, Leipzig 1895.

[25]) Die von Hertz angenommene Spannungsverteilung in der Druckfläche, insbesondere auch die Annahme 2), wurde durch neue spannungs-optische Versuche (Dresdner Dissertation von J. Löffler 1939) als zutreffend nachgewiesen.

(25a) $a = 0{,}88 \sqrt[3]{P \cdot \dfrac{\dfrac{1}{E_1} + \dfrac{1}{E_2}}{\dfrac{1}{r_1} + \dfrac{1}{r_2}}}$

berechnet wird. Darin bedeuten

$E_1$ = Elastizitätsmaß der Kugel 1,
$E_2$ = Elastizitätsmaß der Kugel 2,
$r_1$ = Halbmesser der Kugel 1,
$r_2$ = Halbmesser der Kugel 2.

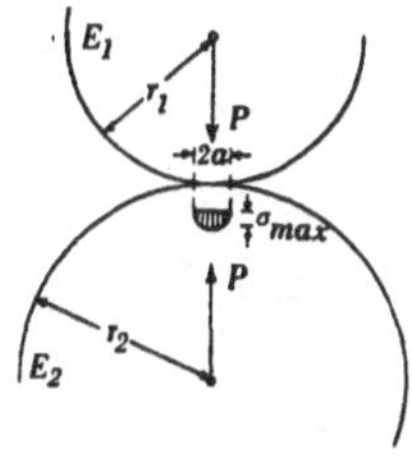

Bild 44. Berührungsflächen zweier Kugeln.

Die größte Druckbeanspruchung in der Berührungsfläche ist dann

(25b) $$\sigma_{\max} = 1{,}5 \cdot \frac{P}{\pi \cdot a^2},$$

und die Mittelpunkte der Kugeln nähern sich dabei um das Maß

(25c) $$\lambda = 0{,}77 \cdot \sqrt[3]{P^2 \cdot \left(\frac{1}{E_1} + \frac{1}{E_2}\right)^2 \cdot \left(\frac{1}{r_1} + \frac{1}{r_2}\right)}.$$

Haben beide Kugeln denselben Durchmesser und bestehen sie aus demselben Baustoff, so vereinfachen sich die Formeln zu

(26a) $$a = 0{,}88 \sqrt[3]{\frac{P \cdot r}{E}}$$

(26b) $$\sigma_{\max} = 0{,}62 \sqrt[3]{\frac{P \cdot E^2}{r^2}}$$

(26c) $$\lambda = 1{,}54 \sqrt[3]{\frac{P^2}{E^2 \cdot r}}$$

Ist die eine Kugelfläche konkav, die andere konvex, so ist für $r_1$ in diese Formeln der negative Wert einzusetzen.

b) Kugellauf ebener Platte. Wird einer der beiden

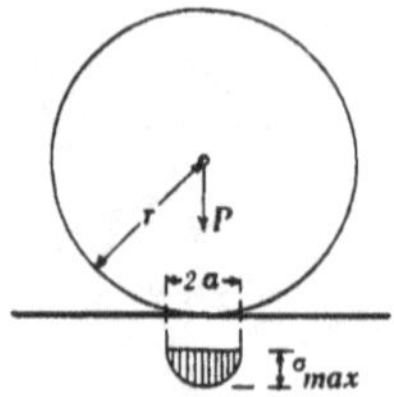


Bild 45. Druck zwischen Kugel und ebener Platte.

Kugelradien unendlich groß, so gelten die Formeln:

(27a) $$a = 1{,}11 \sqrt[3]{\frac{P \cdot r}{E}}$$

(27b) $$\sigma_{max} = 0{,}39 \sqrt[3]{\frac{P \cdot E^2}{r^2}}$$

(27c) $$\lambda = 1{,}23 \sqrt[3]{\frac{P^2}{E^2 \cdot r}}$$

c) Walze auf Walze. Werden zwei Walzen der Halbmesser $r_1$ und $r_2$ mit den Elastizitätszahlen $E_1$ und $E_2$ durch die Kraft $P$ gegeneinander gedrückt, so ist die Berührungsfläche ein Rechteck mit den Seiten $2 \cdot a$ und der Walzenlänge $l$. Dabei berechnet sich $a$ aus:

(28a) $$a = 1{,}08 \sqrt{\frac{P}{l} \cdot \frac{\frac{1}{E_1} + \frac{1}{E_2}}{\frac{1}{r_1} + \frac{1}{r_2}}}$$

und die größte Pressung längs der Mitte der Berührungsfläche:

(28b) $$\sigma_{max} = 0{,}59 \sqrt{\frac{P}{l} \cdot \frac{\frac{1}{r_1} + \frac{1}{r_2}}{\frac{1}{E_1} + \frac{1}{E_2}}}$$

Haben beide Walzen den gleichen Durchmesser und die gleichen Elastizitätszahlen, so vereinfachen sich die Gleichungen zu:

(29a) $$a = 1{,}08 \sqrt{\frac{P \cdot r}{l \cdot E}}$$

(29b) $$\sigma_{max} = 0{,}59 \sqrt{\frac{P \cdot E}{l \cdot r}}$$

d) Walze auf ebener Platte. Wird einer der Walzenradien unendlich groß, so lauten die Formeln für Druck einer

Walze mit dem Radius $r$ und der Elastizitätszahl $E_1$ auf einer ebenen Platte mit der Elastizitätszahl $E_2$:

$$(30\text{a})\qquad a = 1{,}08\sqrt{\frac{P\cdot r}{l}\left(\frac{1}{E_1}+\frac{1}{E_2}\right)}$$

$$(30\text{b})\qquad \sigma_{\max} = 0{,}59\sqrt{\frac{P}{l\cdot r\left(\frac{1}{E_1}+\frac{1}{E_2}\right)}}$$

Bestehen Walze und Platte aus demselben Baustoff, so vereinfachen sich die Formeln zu:

$$(31\text{a})\qquad a = 1{,}52\sqrt{\frac{P\cdot r}{l\cdot E}}$$

$$(31\text{b})\qquad \sigma_{\max} = 0{,}418\sqrt{\frac{P\cdot E}{l\cdot r}}\,.$$

5. Beispiel. Ein Stahlgußlager nach Bild 46 wird durch eine Last $P = 100$ t belastet. Wie lang müssen die Rollen vom Durchmesser 14 cm sein, wenn die Pressung zwischen Rollen und Platte 8500 kg/cm nicht überschreiten darf? ($E = 2150$ t/cm²). Die erforderlichen Rollenlängen ergeben sich aus der Gleichung (31b) für Druck zwischen Walze und Platte gleicher Elastizitätsmaße.

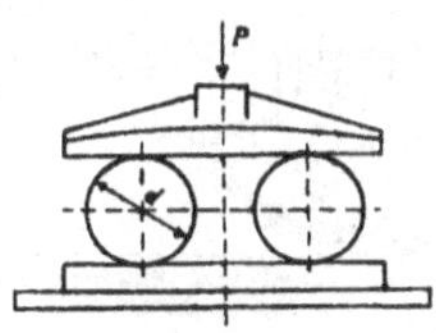


Bild 46.

$$\sigma_{\max} = 0{,}418\sqrt{\frac{P\cdot E}{l\cdot r}}\,.$$

Für eine Rolle ist $P_1 = \frac{1}{2}P = 50$ t. Löst man die Gleichung nach $l$ auf, so wird:

$$l = \frac{P\cdot E\cdot 0{,}418^2}{r\cdot\sigma_{\max}^2} = \frac{50000\cdot 2150000\cdot 0{,}418^2}{7\cdot 8500^2} = \underline{37{,}2\text{ cm}}.$$

## 15. Dauerfestigkeit

Die bisher betrachteten Belastungsfälle und ihre Darstellungen, z. B. Bild 13, bezogen sich allein auf die Spannungs-Weg-Ebene. In ihr bilden die Begriffe der Streckgrenze ($\sigma_S$),

Bruchgrenze ($\sigma_B$), Bruchdehnung ($\delta$) und der Sicherheit $\nu$ im Ausdruck $\frac{1}{\nu}\sigma_S$ für die zulässige Beanspruchung die Grundlagen der Elastizitäts- und Festigkeitslehre. In derselben Ebene können auch die Begriffe der Plastizitätslehre (mit Hilfe der bleibenden Dehnungen, s. z. B. Bild 21) und der Kohäsions-

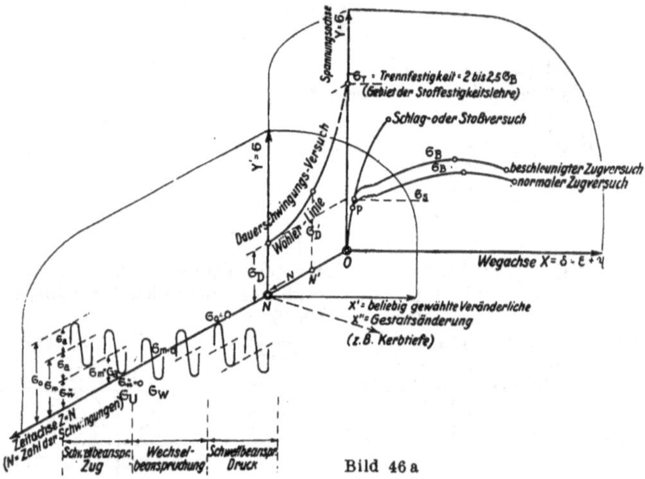


Bild 46 a

lehre dargestellt werden, z. B. die sogenannte Trennfestigkeit $\sigma_T$ (technische Kohäsion), die durch eine auf den Elementarwürfel wirkende allseitige Zugbeanspruchung $\sigma_X = \sigma_Y = \sigma_Z = \sigma_T$ gekennzeichnet ist und für Baustahl den Wert 2 bis 2,5 $\sigma_B$ hat.

Der Einfluß der Zeitdauer der Versuche zeigt sich in dieser Ebene in der Veränderung der Spannungs-Dehnungs-Linien von der des normalen Zugversuches über die des beschleunigten Zugversuches zu jener des Schlag- oder Stoßversuches (Bild 46a).

Außer den statischen Belastungen, welche die gebräuchlichen Spannungen erzeugen, treten sehr oft Dauerbelastungen und dynamische Belastungen auf, die oftmals wiederholte Belastungen darstellen und auch zu Wechselbeanspruchungen von Zug und Druck führen. Die Begriffsfestlegung nach DIN 50100 (7. 42., Prüfung der Dauerfestigkeit, Begriffe, Zeichen und Versuchsdurchführung) unterscheidet:

1. Dauerstandfestigkeit,
2. Schwell- oder Ursprungsfestigkeit,
3. Wechselfestigkeit.

Die Dauerstandfestigkeit ist die Festigkeit gegen lange Zeit einwirkende ruhende Lasten. Solche bewirken z. B. auch das Kriechen der Baustoffe, das eine fortschreitende Formänderung darstellt, die bereits unterhalb der Elastizitätsgrenze auftritt (für Beton z. B. siehe S. 46).

Fügt man der Festigkeits-Weg-Darstellung ($Y$- und $X$-Achse) die dritte Achse $Z$ als Zeitachse an, so gewinnt man mit der Festigkeits-Zeit-Ebene das Gebiet der dynamischen Beanspruchungen. Die Versuchsdauer wird dabei auf der $Z$-Achse durch die Zahl $N$ der Lastwechsel (Lastspiele) angegeben. Im Schwingungsbereich der $Y$-$Z$-Achsen können je nach Lage der Mittelspannung die verschiedenartigsten Beanspruchungen auftreten, die in Schwellbeanspruchung Zug, Wechselbeanspruchung und Schwellbeanspruchung Druck gegliedert werden können (Bild 46a). Ihre Höchst- und Tiefstpunkte werden als Ober- ($\sigma_o$) und Unterfestigkeit ($\sigma_u$) bezeichnet und $\sigma_a$ als der Spannungsausschlag von einem Mittelpunkt $m$ aus.

Unter Dauerfestigkeit versteht man die Spannung, die wechselnd je nach Schwell- oder Wechselfestigkeit, unendlich oft ertragen werden kann. Ihre allgemeine Bezeichnung lautet

$$\sigma_D = \sigma_m \pm \sigma_a.$$

Unter denen in der $Y$-$Z$-Ebene dargestellten Dauerfestigkeitsfällen unterscheidet man folgende Sonderfälle:

a) Schwell- oder Ursprungsfestigkeit $\sigma_U$ ist die Dauerfestigkeit für die Unterspannung $\sigma_u = 0$, d. h. für $\sigma_m = \sigma_a$.

b) **Wechselfestigkeit** $\sigma_w$ ist die Dauerfestigkeit für eine Mittelspannung $\sigma_m = 0$, d. h. für $\sigma_a = \sigma_o$ und $\sigma_u = -\sigma_o$.

Für alle dazwischen liegenden Fälle müssen beide Grenzen des Spannungswechsels angegeben werden.

Genau genommen liegen diese Linien in einer etwas schräg geneigten Ebene, die durch die Hookesche Gerade $OP$ geht. Wegen der Kleinheit der Wege werden im Schwingungsbereich aber an Stelle der Raumkurven ihre Projektionen auf die $Y'$-$Z$-Ebene betrachtet, also die Dehnungen vernachlässigt.

Eine um die $Y$-Achse gedrehte Ebene $X'$ oder $X''$ kann zur Darstellung irgendeiner anderen Funktion der Dauerfestigkeit dienen, wobei als Ordinaten $y'$ stets die Spannungen $\sigma_D$ aufgetragen werden. Z. B. zur Darstellung ihrer Abhängigkeit von der Kerbtiefe bei gekerbten Zerreißstäben, oder zur Beschreibung des $\gamma$-Verfahrens der Eisenbahn, wobei $X' = \sigma_{\min} : \sigma_{\max}$ aufgetragen wird, oder endlich in der Abhängigkeit von der statischen Vorspannung (Mittelspannung) $\sigma_m$ (Haigsche Darstellung).

Stellt man also in der Festigkeits-Zeit-Ebene für einen bestimmten Werkstoff oder eine Werkstoffverbindung und eine bestimmte Art der Dauerbeanspruchung die Versuchsergebnisse für verschiedene Zahlen $N$ der Lastspiele dar, so erhält man die sogenannte **Wöhler-Linie** (s. Bild 46a). Aus ihr erkennt man, daß die ertragbare Spannung mit der Zahl der Lastwechsel bis zu einem Punkte abnimmt, wo die Wöhler-Linie asymptotisch zur $Z$-Achse verläuft. Dieser Punkt stellt die Dauerfestigkeit dar. Mit genügender Genauigkeit kann die Zahl $N$ der Lastspiele im allgemeinen mit $N = 2.10^6$ begrenzt werden, für Werkstoff Stahl mit $N = 10.10^6$, für Werkstoffprüfungen anderer Metalle reicht sie bis $N = 100.10^6$. Die Zahl der Lastwechsel, bei welcher der Dauerbruch eintritt, bezeichnet die Lebensdauer des Werkstoffes oder der Stabverbindung.

Nimmt man als Anfangspunkt der Wöhler-Linie die oben erwähnte Trennfestigkeit $\sigma_T$ an, dann würde diese das einzige

Verbindungsglied des statischen Gebietes mit dem Schwingungsbereich bilden, während die sonstigen in der Festigkeitslehre bedeutsamen Grundgrößen für die Beurteilung der dynamischen Eigenschaften ausscheiden.

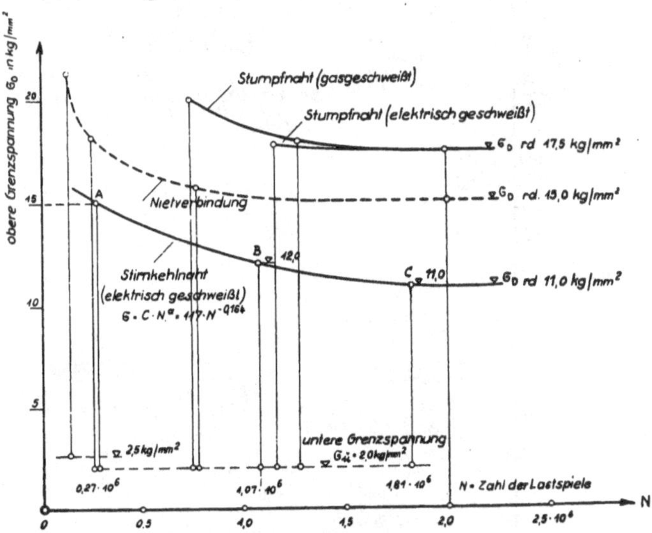


Bild 46 b. Wöhler-Linien genieteter und geschweißter Stabverbindungen.

Die Auftragung von Versuchsergebnissen in Form von Wöhler-Linien zeigt z. B. Bild 46b für genietete und geschweißte Stabverbindungen[26]). Beim ersten Versuch mit dem Pulsator für elektrisch geschweißte Stirnkehlnaht war als Tastversuch willkürlich als obere Grenzspannung $\sigma_o =$ 15 kg/mm² bei einer unteren Grensspannung von $\sigma_u =$ 2,0 kg/mm² gewählt worden, wobei sich der Bruch schon bei $N = 270000$ Schwingungen ergeben hat (Punkt A, Bild 46b). Beim 2. Versuch erhielt man mit $\sigma_o = 12$ kg/mm² und der

[26]) Gehler, Schlußbericht IVBH 2. Kongreß 1936, S. 316.

gleichen Unterspannung N = 1,07.10⁶ (Punkt B) und beim 3. Versuch mit $\sigma_o$ = 11 kg/mm² N = 1,81.10⁶ (Punkt C). Da die Linie *A B C* im Bereich rechts von *C* schon annähernd

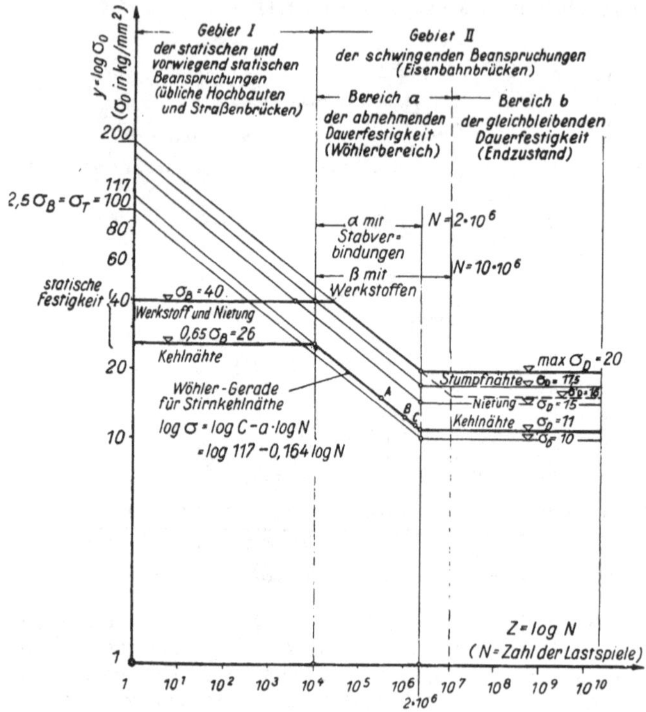


46 c.

waagerecht verläuft, so darf als Endwert die Dauerfestigkeit $\sigma_D = \lim \sigma_o$ = rd. 11,0 kg/mm² angenommen werden.

Wendet man für die Versuchsdarstellung nach den Ausführungen in Kap. I S. 15 logarithmischen Maßstab nach beiden Achsen zur Auftragung der Wöhler-Linie an, so erhält man die anschauliche Darstellung nach Bild 46c. In ihr verwandelt sich die Kurve in einen gebrochenen Zug gerader Linien, der die drei Festigkeitsbereiche: Gebiet der statischen Beanspruchung, Wöhler-Bereich der abnehmenden Dauerfestigkeiten und den Bereich gleichbleibender Dauerfestigkeit klar abgrenzt. Zudem ist mit dem Schnittpunkt der Verlängerung der mittleren schrägen Geraden (Wöhler-Gerade) auf der $Y$-Achse wieder der Wert angegeben, der etwa der Trennfestigkeit entspricht. Die Gleichung der Versuchslinie im Wöhler-Bereich lautet dann

$$\log \sigma = \log C - a \cdot \log N$$

und entspricht in der Darstellung des Bildes 46b der Exponentialkurve

$$\sigma = C \cdot N^{a}.$$

Physikalisch betrachtet kann darin $C$ als ein Kohäsionsbeiwert bezeichnet werden. Eine Deutung des Beiwertes $a$ erhält man aus der Ableitung obiger Gleichung

$$y' = \frac{d\sigma}{dN} = C \cdot a \cdot N^{a-1},$$

die in erster Annäherung etwa einer gleichseitigen Hyperbel entspricht. Im Anfang des Wöhler-Bereiches fällt die Kurve daher zunächst stark ab und verläuft im Endzustand parallel zur Abszissenachse (Bild 46a). Ihre Ordinaten stellen eine Leistungsgröße dar $\left(\frac{\text{Arbeit}}{\text{Zeit}}\right)$, wenn man die Ordinaten $\left(\frac{\text{kg} \cdot \text{mm}}{\text{mm}^3} = \frac{\text{kg}}{\text{mm}^2}\right)$ als spezifische Arbeit oder Ladung der Raumeinheit von 1 mm³ auffaßt (s. S. 14 u. 22), so daß diese $y'$-Linie die Abnahme der Leistung oder die Ermüdung während der Versuchsdauer darstellt. Hiernach kann $a$ als Ermüdungswert bezeichnet werden, der in den Bereichen I und IIb des Bildes 46c den Wert $a = 0$ hat.

Mittels Dauerversuchen mit Werkstoffen und Stabverbindungen ist erwiesen worden, daß unsere Konstruktionen auch den vorkommenden dynamischen Beanspruchungen standhalten. So liegen z. B. die Dauerfestigkeiten genieteter und mit Stumpfnaht geschweißter Stabverbindungen aus St. 37 mit $\sigma_D = 15$ bzw. 17,5 kg/mm² bei $2.10^6$ Schwingungen über den zulässigen Werten. Die Lebensdauer einer eingleisigen genieteten Eisenbahnbrücke errechnet sich für $N = 2.10^6$ und einem täglichen Verkehr von 25 Zügen aus der Dauerfestigkeit zu 220 Jahren.

Versuche mit Betonprismen[27]) erreichten bei $N = 2.10^6$ und einer Lastwechselfrequenz von $f = 260$ Belastungen je Minute eine Schwellfestigkeit von 61 bis 66% der Prismenfestigkeit. Dabei wurde beobachtet, daß mit steigender Lastwechselfrequenz auch die Zahl $N$ der bis zum Bruch erforderlichen Lastwechsel anstieg.

Tritt zur Schwell- und Wechselbeanspruchung von Betonkörpern noch eine ruhende Dauerlast, so nimmt der Spannungsausschlag, der zwei millionenmal ertragen wurde, mit zunehmender Größe der ständigen Last ab. Die Dauerstandfestigkeit kann für sehr lange Einwirkung der Last zu etwa 80% der Prismenfestigkeit angenommen werden. Doch liegen für die beiden letztgenannten Fälle noch nicht genügend lange und zahlreiche Versuche für allgemein gültige Schlüsse vor. Die Dauerschwingungsversuche an Beton- und Stahlbetonbauteilen mittels eines Pulsators bedeuten die Herbeiführung einer künstlichen Alterung durch langsame Lösung des durch den Zementkitt gesicherten Zusammenhaltes des Gefüges und der Haftfestigkeit der Stahleinlagen. Sie bilden somit eine wertvolle Hilfe zur Erkenntnis der Güte eines Baustoffes oder der Konstruktion eines Bauteiles. Z. B. haben erst die Dauerversuche ergeben, daß beim Stahlsaitenbeton die selbsttätige Verankerung der glatten Runddrähte auf lange Zeit gesehen oft nicht ausreicht, weshalb man für die Stahleinlagen mitunter zu verdrillten Querschnitten mit größerer Haftfestigkeit übergegangen ist.

Die Schwellfestigkeit kann bei Betonrundstahl St. 37 die Streckgrenze erreichen, sie bleibt bei hochwertigen Stählen jedoch unter dieser. Die zum Dauerbruch führenden Stellen von Stahlbetonbauteilen sind die Endhaken und die Abbiege-

---

[27]) Deutscher Ausschuß für Eisenbeton Heft 76 und 83.

stellen der Stahleinlagen. Dauerversuche mit Stahlbetonbauteilen mit hochwertigen Stahleinlagen haben, besonders bei Platten, erwiesen, daß auch sie die für Dauerbeanspruchungen nötige Sicherheit besitzen[28]).

Die Versuchsergebnisse bei Dauerbeanspruchungen streuen infolge der zahlreichen Einflüsse sehr, so daß z. B. in Bild 46c eine Verschiebung der Grenzen der Bereiche eintreten kann. Allgemein erweist es sich jedoch, daß die Lebensdauer unserer Konstruktionen eine noch größere ist, als die Dauerversuche angeben, da einmal die Ruhepausen zwischen den Belastungen einen günstigen Einfluß haben, zum anderen die dynamischen Beanspruchungen meist nicht unter den z. B. für Straßenbrücken angenommenen Höchstlasten auftreten können, da bei ihnen eine rasche Verkehrsabwicklung nicht mehr möglich ist.

Somit bieten die Schwingungsbelastungen wohl wichtige Erkenntnisse für die Festigkeiten, doch sind sie allein nicht ausschlaggebende Faktoren für die Lebensdauer unserer Baustoffe und Konstruktionen. Vielmehr liegt eine größere Gefahr in Verbindung von Wechselbeanspruchungen mit Fehlkonstruktionen, Kerbwirkungen oder Materialfehlern, die Ausgangspunkte für Dauerbrüche sind.

Die Dauerfestigkeit gibt auch den Anschluß an eine neuartige Theorie der Elastizität und Festigkeit, indem die Wechselfestigkeit mit der neuen Elastizitätsgrenze dieser Theorie zusammenfällt[29]). Mit ihr würden durch Einführung von Raum- und Gitterspannungen auch die der heutigen Theorie mangelnden Zusammenhänge zwischen Elastizitätsgrenze, Streckgrenze, Wechselfestigkeit und Ursprungsfestigkeit gewonnen, so daß aus einem einzigen Festigkeitsversuch mit einem Baustoff alle übrigen Werte errechnet werden könnten.

---

[28]) Gehler, Anwendung des hochwertigen Stahles im Eisenbeton, IVBH 2. Kongreß 1936 Vorbericht, S. 265.
Graf, Festigkeit des Betons und Eisenbetons bei dauernder und oftmals wiederholter Belastung, ebenda S. 167

[29]) Brandenberger, Neue Theorie der Elastizität und Festigkeit. Schweizer Druck- und Verlagshaus Zürich, 1948.

# III. Schub

## 1. Begriff der Schubspannungen

Reine Schubspannungen können bei unseren Versuchen i. d. R. nicht auftreten, sondern sind fast immer mit Normal- oder Biegespannungen verbunden (Ausnahme s. Verdrehungsspannungen). Wirkt auf einen eingespannten Balken (Bild 47) eine Scherkraft mittels einer Schneide, so wäre eine reine Scherbeanspruchung nur dann vorhanden, wenn die Schneide der Last und die der Gegenkraft genau in einer lotrechten Ebene $a$—$b$ wirken würden, was aber praktisch nicht möglich ist. Durch die erforderliche flächenhafte Ausbildung der Schneide entsteht ein Lastangriffspunkt außerhalb des Schnittes $a$—$b$ und somit Biegung.

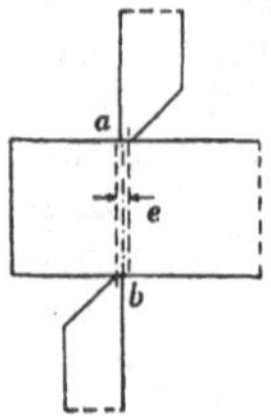

Bild 47. Scherbeanspruchung eines eingespannten Stabes.

Sieht man in einer zweischnittigen Nietverbindung von Verformungen ab, so tritt hier Schub in den Schnitten $a$—$b$ und $c$—$d$ des Nietes auf (Bild 48).

Reine Schubbeanspruchungen entstehen z. B. in einer Welle, die an ihren Enden durch entgegengesetzte Momente belastet wird, also durch Verdrehung (Torsion) (Bild 49). S. Abschnitt V.

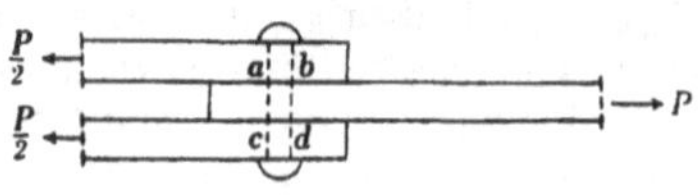

Bild 48. Schubbeanspruchung eines Nietes.

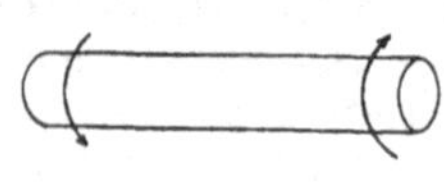
Bild 49. Auftreten reiner Schubspannungen durch Torsion.

## 2. Schubspannungen in Querschnitten

Wirkt in einem senkrechten Querschnitt $F$ eines Stabes die Querkraft $Q$, so ist die Schubspannung (auch Scherspannung genannt) unter Voraussetzung gleicher Formänderungen

$$\tau = \frac{Q}{F}. \tag{32}$$

(Über Schubspannungen bei Biegung s. Abschn. IV.)

## 3. Schubspannungen am unendlich kleinen, rechtwinkligen Parallelepiped

Die in den 6 Seiten des Elementarkörpers (Bild 50) wirkenden Spannungen sind in je eine Normal- und zwei Tangentialspannungen in Richtung des Achsenkreises zerlegt und sind für den Körper als äußere Kräfte aufzufassen. Dabei erhalten, wie bereits an Bild 4 erläutert wurde, die Normalspannungen den Zeiger, der der beanspruchten Ebene entspricht, und die Schubspannungen erhalten je zwei Zeiger, von denen der erste die Ebene der Normalspannung angibt und der zweite die Koordinatenachse, zu welcher die Schubspannung läuft. Die Normalspannungen sind in ihren Ebenen konstant anzunehmen, und wegen der Kleinheit der Würfelkanten sei die Variation zwischen zwei parallelen Nachbarflächen vernachlässigt.

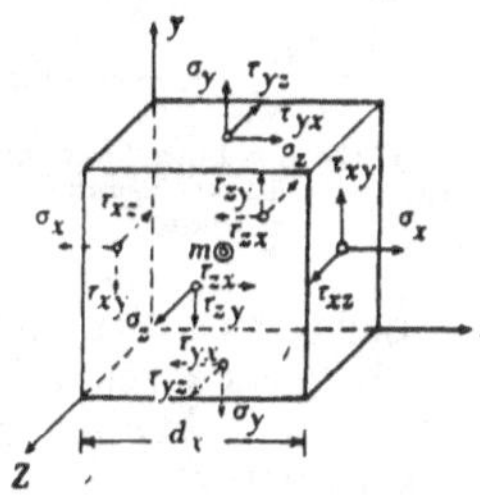

Bild 50. Die 18 Spannungen am Elementarkörper.

D. h. die Normalspannungen zweier gegenüberliegender Seiten sind gleich groß. In jeder Seite des Prismas wirken 3 Kräfte, also am ganzen Elementarkörper insgesamt 18 Kräfte, von denen 9 paarweise gleich sind. Das Gewicht des Körpers ist klein von der 3. Ordnung und kann gegenüber den Kräften, die klein von der 2. Ordnung sind, vernachlässigt werden.

Die Normal -und Schubkräfte müssen untereinander im Gleichgewicht stehen, also den Bedingungen genügen

$$\Sigma X = 0, \Sigma Y = 0, \Sigma Z = 0$$

und

$$\Sigma M_x = 0, \Sigma M_y = 0, \Sigma M_z = 0 .$$

Von den 6 Gleichgewichtsbedingungen im Raum bleiben nur 3 zur Bestimmung der Schubspannungen übrig:

$$M_x = 0 \text{ oder } -\tau_{zy} dx \cdot dy \cdot dz + \tau_{yz} dx \cdot dy \cdot dz = 0,$$

woraus folgt

Ebenso ergeben

$M_y = 0$

und $M_z = 0$

$$(33) \quad \begin{cases} \tau_{zy} = \tau_{yz}. \\ \tau_{xz} = \tau_{zx} \\ \tau_{xy} = \tau_{yx} \end{cases}$$

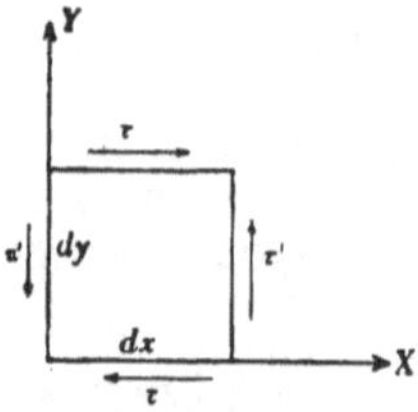


Bild 51a. Schubspannungen im zweiachsigen Spannungszustand.

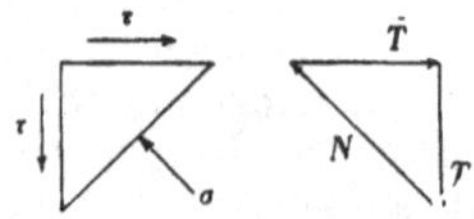


Bild 51b. Schub- und Normalkraft im zweiachsigen Spannungszustand.

Ergebnis: Die Schubspannung $\tau$ in einem beliebigen Punkte eines Körpers erzeugt in dem anstoßenden Flächenteilchen eines zu ihm rechtwinkligen Schnittes eine ihr an Größe gleiche Schubspannung. Oder: Die Schubspannungen treten stets paarweise in zueinander rechtwinkligen Schnitten auf. Sie wirken dabei beide in der Richtung auf die Schnittlinie der Ebenen zu, oder sind beide von ihr weg gerichtet.

### 4. Beim zweiachsigen Spannungszustand,

bei dem die rechtwinklig zur $z$-Achse liegende Ebene spannungslos ist, entfallen die Schubspannungen $\tau_{xz}$ und $\tau_{yz}$ und die Normalspannungen heben sich wieder auf. Aus Bild 51a, das die Projektion des vorher betrachteten Prismas auf die $XY$-Ebene darstellt, ergibt sich:

$$\tau\, dx \cdot dy = \tau'\, dy \cdot dx$$

$$\tau = \tau'.$$

Dabei ist zu beachten, daß nicht in allen senkrecht zu einer Schubspannung stehenden Ebenen solch eine Schubspannung entsteht, sondern nur in den Ebenen, auf deren Schnittlinie mit der ersten Ebene eine Komponente der Schubspannung senkrecht steht.

### 5. Schubspannung und Normalspannung

Bild 51b zeigt ein Prisma im zweiachsigen Spannungszustand, in dem reine Schubspannungen $\tau$ $(\tau = \tau')$ wirken. In einem Diagonalschnitt muß dann eine Normalkraft wirken, die den Resultierenden aus den beiden Schubkräften umgekehrt gleich ist. Diese Druckkraft hat die Größe $N = \tau\sqrt{2}$, und da die Diagonalfläche des Würfels mit der Seitenlänge 1 die Größe $\sqrt{2}$ hat, ergibt sich:

$$\sigma = \tau.$$

In der entgegengesetzten Diagonale herrscht dann eine Zugkraft, und die Spannungen sind ebenfalls $\sigma = \tau$. Mit einem Vorzeichenwechsel der Schubspannungen ändern sich ebenfalls die Vorzeichen der Normalspannungen. Für diesen Zustand reiner Schubbeanspruchung gilt demnach der Satz:

Die Schubspannungen $\tau$ in zwei aufeinander senkrecht stehenden Ebenen in einem Punkt eines Körpers erzeugen in den beiden unter 45° geneigten Ebenen zwei in ihrer Größe gleiche Normalspannungen mit verschiedenen Vorzeichen.

### 6. Der Verzerrungszustand und das Gleitungsmaß

Wirken an einem unendlich kleinen Würfel nur Schubspannungen, so bleiben bei der Verzerrung die Seitenlängen erhalten. Bleibt dabei der Verschiebungswinkel $\gamma$ sehr klein, so kann man die Bogen, die die Punkte $C$ und $D$ (Bild 52) bei der Verschiebung beschreiben, durch die Sehnen ersetzen, so daß die Punkte $C$ und $D$ nach $C'$ und $D'$ rücken. Der Winkel $\gamma$ heißt der Gleitungswinkel.

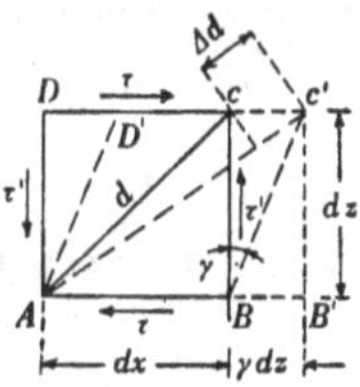

Bild 52. Ebener Verzerrungszustand.

Da $BB' = CC' = \gamma \cdot dz$ ist, ergibt sich aus dem Dreieck $AB'C'$ die Länge der Diagonale nach der Verzerrung:

$$AC' = \sqrt{dz^2 + (dz + \gamma dz)^2} = dz\sqrt{2 + 2\gamma + \gamma^2}.$$

Wird $\gamma^2$ als unendlich klein höherer Ordnung vernachlässigt und $(1 + \gamma)^{\frac{1}{2}} = 1 + \frac{\gamma}{2}$ nach dem binomischen Satz entwickelt, so folgt:

$$CC' = AC' - AC = dz\sqrt{2} \cdot \left(1 + \frac{\gamma}{2}\right) - dz\sqrt{2} = dz\sqrt{2} \cdot \frac{\gamma}{2}$$

und die Dehnung der gezogenen Diagonale:

$$\text{(34a)} \qquad \frac{CC'}{AC} = +\frac{\gamma}{2},$$

sowie entsprechend die der gedrückten Diagonale

$$\text{(34b)} \qquad \frac{BD'}{BD} = -\frac{\gamma}{2}.$$

Ist also $\gamma$ der Gleitungswinkel eines unendlich kleinen Würfels, so beträgt die Verlängerung und die Verkürzung der beiden Diagonalen im Bogenmaß gemessen $\frac{\gamma}{2}$.

Bildet man entsprechend dem Elastizitätsmaß $E = \sigma : \delta$ bei Längenänderungen hier bei Schub das Gleitungsmaß $G$ = Spannung : Gleitungswinkel, so erhält man

$$\text{(35)} \qquad G = \frac{\tau}{\gamma}.$$

Da in den Diagonalen Zug- bzw. Druckbeanspruchungen entstehen, deren Absolutbetrag gleich der Schubbeanspruchung ist, so ergibt sich aus dem Formänderungszustand die spezifische Verlängerung der Diagonale $AC$ mit $\sigma = \tau$(nach Gl. (8) u. (14)) zu:

$$\varepsilon = \frac{\tau}{E} + \frac{1}{m}\frac{\tau}{E} = \frac{\tau}{E}\left(\frac{m+1}{m}\right)$$

und somit (nach Gl. 34a u. 35):

$$\frac{\tau}{E}\left(\frac{m+1}{m}\right) = \frac{\gamma}{2} = \frac{1}{2}\frac{\tau}{G}.$$

Daraus folgt:

$$\text{(36)} \qquad G = \frac{E}{2} \cdot \frac{m}{m+1}.$$

Das Gleitungsmaß wird für die untere Grenze der Querdehnungszahl $m = 2$ zu $G = \frac{1}{3}E$, für $m = 4$ zu $G = \frac{2}{5}E$. Für feste Körper kann im allgemeinen $G = 0{,}38$ bis $0{,}40\,E$ angenommen werden. Für die obere Grenze der Querdehnungszahl $m = \infty$ ergibt sich $G = 0{,}5\,E$.

Die Flächen $ABCD$ und $ABC'D'$ (Bild 52) sind unter Vernachlässigung kleiner Größen zweiter Ordnung flächengleich. D. h., das Volumen eines unendlich kleinen Würfels bleibt konstant, wenn in zwei aufeinander senkrechten Ebenen gleich große Normalspannungen verschiedener Vorzeichen wirken.

Werte für das Gleitungsmaß $G$ sind (nach DIN 1075):

für Stahl, auch hochwertigen Stahl, Stahlguß und geschmiedeten Stahl. . . . $G = 810000\,\text{kg/cm}^2$
Gußeisen. . . . . . . . . . . . . . . $G = 380000$ „
Beton bei Berechnung der Formänderungen und statisch unbestimmter Größen $G = 105000$ „

## 7. Volumenelastizitätsmaß und hydrostatischer Druck

Da als kubische Dehnung $e$ die Summe der linearen Dehnungen bezeichnet wird, erhält man nach Gl. (17) allgemein:

$$e = \varepsilon_x + \varepsilon_y + \varepsilon_z = \frac{1}{E}\frac{m-2}{m}(\sigma_x + \sigma_y + \sigma_z)\,. \tag{37}$$

Unter hydrostatischem Druck versteht man den besonderen Fall, daß (nach Bild 53)

$$\sigma_x = \sigma_y = \sigma_z = p \tag{38}$$

ist.

Dann wird die kubische Dehnung:

$$e = e_p = \frac{3(m-2)}{E\cdot m}\cdot p\,. \tag{39}$$

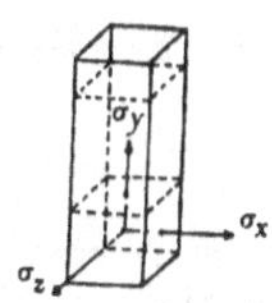

Bild 53. Hydrostatischer Druck.

Für einen nicht zusammendrückbaren Körper gilt der Grenzfall $e = 0$. Damit ergibt sich aus Gl. (39) als untere Grenze der Querdehnungszahl $m = 2$.

Definiert man entsprechend $\delta = \frac{\sigma}{E}$, das sog. Volumenelastizitätsmaß durch $e_v = \frac{p}{E_v}$, so erhält man im Falle des hydrostatischen Druckes bei festen Körpern:

$$E_v = \frac{p}{e_p} = \frac{E\cdot m}{3m-6}\,. \tag{40}$$

### 8. Beziehungen zwischen $E$, $G$ und $E_v$

Nach Gl. (40) erhält man durch Einsetzen von $E = 2G\left(\frac{m+1}{m}\right)$ aus Gl. (36) als Beziehung zwischen dem Gleitungsmaß $G$ und dem Volumen-Elastizitätsmaß $E_v$:

$$(41) \qquad E_v = \frac{2 \cdot G(m+1)}{3 \cdot m - 6}.$$

Drückt man $m$ durch die Größen $E$ und $G$ aus, so ergibt sich aus Gl. (36)

$$(42) \qquad m = \frac{2 \cdot G}{E - 2 \cdot G}$$

und damit

$$(43) \qquad E_v = \frac{E \cdot G}{9 \cdot G - 3 \cdot E} \text{ und } E = \frac{9 \cdot G \cdot E_v}{G + 3 \cdot E_v}.$$

Drückt man $m$ durch die Größen $E$ und $E_v$ aus, so erhält man aus Gl. (40)

$$(44) \qquad m = \frac{6 \cdot E_v}{3 \cdot E_v - E}$$

und aus Gl. (36)

$$(45) \qquad G = \frac{3 \cdot E \cdot E_v}{9 \cdot E_v - E}.$$

Der Wert dieser Beziehungen liegt darin, daß die durch unmittelbare Messungen nur schwer zu bestimmende Querdehnungszahl $m$ aus den Werten $E$, $E_v$ und $G$ bestimmt werden kann.

6. Beispiel. Für eine Holzverbindung (Bild 54a) sind die Längen der Versatzflächen $a$ und $c$ und die Vorholzlänge $d$ zu berechnen, wenn der Schrägstab mit dem Querschnitt 18/18 cm unter $45^0$ gegen die Horizontale geneigt ist und eine Kraft von 10 t überträgt. Die zulässige Pressung des Holzes (im Hochbau) beträgt parallel zur Faser 65 kg/cm², rechtwinklig zur Faser 20 kg/cm² und seine Scherfestigkeit 12 kg/cm².

Die Neigung der Versatzfläche $a$ wird im allgemeinen so ausgeführt, daß sie dem Winkel $\beta$ halbiert. Dann ist die Richtung von

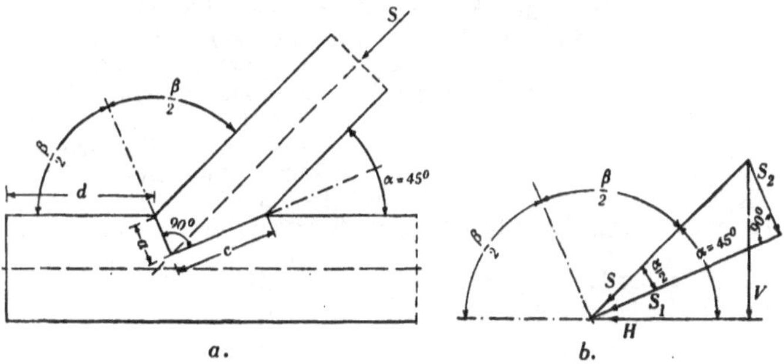


Bild 54a und b.

$c$ die Winkelhalbierende von $\alpha$. Somit ergeben sich die Kräfte $S_1$ und $S_2$ (senkrecht zu $a$ und $c$) zu

$$S_1 = S \cdot \cos\frac{\alpha}{2} \text{ und } S_2 = S \cdot \sin\frac{\alpha}{2}.$$

Aus

$$S_1 = a \cdot b \cdot \sigma_{zul} \text{ und } S_2 = c \cdot b \cdot \sigma_{zu}$$

werden die Größen $a$ und $c$ berechnet zu:

$$a = \frac{S \cdot \cos\frac{\alpha}{2}}{b \cdot \sigma_{zul}}. \qquad c = \frac{S \cdot \sin\frac{\alpha}{2}}{b \cdot \sigma_{zul}}.$$

Mit unseren Größen erhält man:

$$a = \frac{10000 \cdot 0{,}924}{18 \cdot 80} = \underline{6{,}4 \text{ cm}},$$

$$c = \frac{10000 \cdot 0{,}383}{18 \cdot 20} = \underline{10{,}6 \text{ cm}}.$$

Die Länge des Vorholzes ergibt sich aus der Bedingung

$$H = d \cdot b \cdot \tau_{zul}$$

zu:

$$d = \frac{H}{\mathrm{b} \cdot \tau_{zul}} = \frac{S \cdot \cos\alpha}{b \cdot \tau_{zul}} = \frac{10000 \cdot 0{,}707}{18 \cdot 12} = \underline{32{,}8 \text{ cm}}.$$

7. Beispiel. Für eine einschnittige Nietverbindung soll nach Bild 55 die Anzahl $n$ der Niete bestimmt werden, wenn die Kraft $P = 5000$ kg beträgt, die zwei Zugstäbe einen Querschnitt von 5,1 cm², die Niete einen Durchmesser von 17 mm und eine zulässige Scherbeanspruchung von $\tau = 1000$ kg/cm² haben und die Biegung infolge des außermittigen Kraftangriffes vernachlässigt wird.

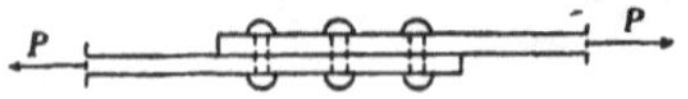

Bild 55.

Die Scherfläche eines einschnittigen Nietes ist

$$F_s = \frac{\pi \cdot d^2}{4}$$

und die aufnehmbare Kraft

$$N_s = \tau \cdot F_s = \tau \cdot \frac{\pi \cdot d^2}{4} = 1{,}0 \cdot \frac{3{,}14 \cdot 1{,}7^2}{4} = 2{,}27\ \text{t}.$$

Die Zahl der erforderlichen Niete ergibt sich damit aus:

$$n = \frac{P}{N_s} = \frac{5{,}0}{2{,}27} = 2{,}2 \sim \underline{3\ \text{Niete.}}$$

8. Beispiel. Welche Zugkraft kann durch eine zweischnittige Nietverbindung nach Bild 56 aufgenommen werden bei $\sigma_{zul} = 1200$ kg/cm², $\tau_{zul} = 0{,}8\,\sigma_{zul} = 0{,}96$ t/cm² und Lochwandpressung $\sigma_l = 2 \cdot \tau_{zul} = 1{,}92$ t/cm². Wie groß müssen die Stabbreite $b$ und die Dicke $s$ sein, wenn beim Nietdurchmesser $d_1 = 2{,}0$ cm die Nietverbindung tatsächlich durch Scherbeanspruchung der Nietschäfte brechen soll?

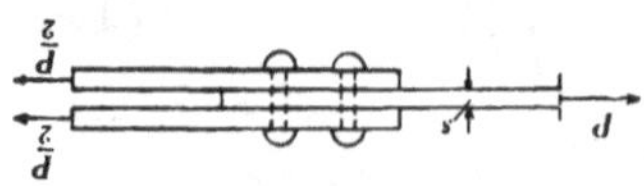

Bild 56.

Die zweischnittigen Niete haben eine Gesamtscherfläche von

$$F = 2 \cdot 2{,}0 \frac{\pi \cdot d^2}{4} = 12{,}56\ \text{cm}^2.$$

Aus $\tau = \frac{P}{F}$ erhält man

$$P = \tau \cdot F = 0{,}96 \cdot 12{,}56 = \underline{12{,}05\ \text{t.}}$$

**Im Falle der Zerstörung der Nietverbindung durch Scherkraft darf der Lochwanddruck (auch Lochlaibungsdruck genannt) das zulässige Maß nicht überschreiten. Dann muß sein:**

$$\sigma_l = \frac{P}{2 \cdot d_1 \cdot s}; \text{ also } s = \frac{P}{2 \cdot d_1 \cdot \sigma_{l\,zul}}$$

$$s = \frac{12{,}05}{2 \cdot 2{,}0 \cdot 1{,}92} = 1{,}57 \text{ cm} \sim \underline{16 \text{ mm}}.$$

Die Beanspruchung des Stabquerschnittes von der Breite $b$ ist nach Abzug der Verschwächung durch die Niete:

$$\sigma = \frac{P}{2 \cdot s(b - d_1)}.$$

Somit ist die erforderliche Stabbreite:

$$b = \frac{P}{2 \cdot s \cdot \sigma} + d_1 = \frac{12{,}05}{2 \cdot 1{,}6 \cdot 1200} + 2{,}0 = 5{,}24 \text{ cm} \sim \underline{53 \text{ mm}}.$$

## IV. Biegung

### 1. Spannungen bei Biegung

Bei einem Balken auf zwei Stützen mit der Stützweite $l$ und den Lasten $P_1$, $P_2$, $P_3$ (Bild 57) werden zunächst die Stützkräfte $A$ und $B$ durch die zwei Momentengleichungen in bezug auf die Stützpunkte ermittelt, wobei die Projektionsgleichung auf die Lotrechte als Probe dienen kann. Denkt man sich den Balken durch einen Schnitt im Abstand $x$ in zwei Teile I und II getrennt, so müssen zur Erhaltung des Gleichgewichtes im Schnitt innere Kräfte $\Sigma \varrho dF$ wirken, die wieder in Normalkräfte $\Sigma \sigma dF$ und in Schubkräfte $\Sigma \tau dF$ zerlegt werden.

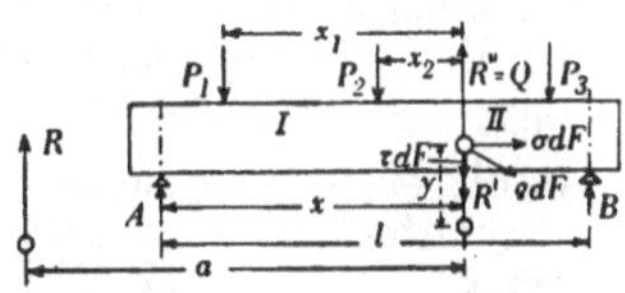

Bild 57. Spannungen im Schnitt eines Balkens auf zwei Stützen.

Die Mittelkraft aller äußeren Kräfte links vom Schnitt heißt die Querkraft $Q = R$. Ihre Größe erhält man aus der Projektionsgleichung auf die Lotrechte: $R = Q = A - P_1 - P_2$ und ihre Lage oder ihren Abstand $a$ aus der Momentengleichung für den Schnitt $x$, also aus $R \cdot a = A \cdot x - P_1 \cdot x_1 - P_2 \cdot x_2$. Bringt man zwei zu $R$ gleich große und entgegengesetzt gerichtete Kräfte $R' = R'' = R$ im Schnitt $x$ an, so erkennt man die beiden Grundgrößen bei Biegung, nämlich das Biegemoment $M = R \cdot a$ und die im Schnitt $x$ wir-

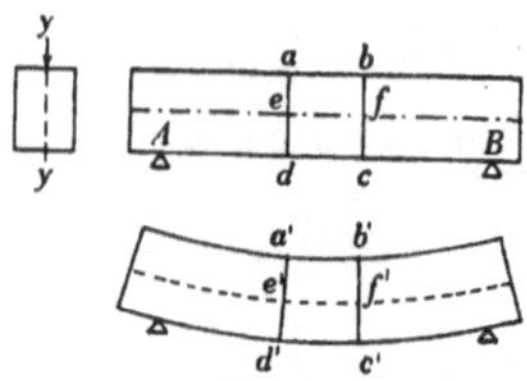


Bild 58. Balkenbiegung.

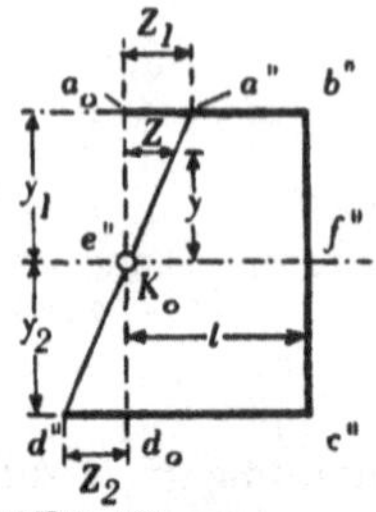


Bild 59. Biegespannungen eines Balkenelementes.

kende Querkraft $Q = R$. Die drei Gleichgewichtsbedingungen der auf den Balkenteil I wirkenden Kräftegruppen ($A$, $P_1$, $P_2$ $\Sigma\sigma dF$, $\Sigma\tau dF$) lauten dann: a) die Projektionsgleichung auf die Waagerechte:

(46a) $$\int \sigma dF = 0.$$

(„Im Querschnitt eines Balkens ist die Projektionssumme aller Normalspannungen gleich Null.")

b) die Projektionsgleichung auf die Lotrechte:

(46b) $$Q = \int \tau dF.$$

c) die Momentengleichung für einen beliebigen Punkt $K$ des Schnittes $x$:

(46c) $$M_x = \int \sigma dF \cdot y\,.$$

Bei Biegung eines Balkens $AB$ (Bild 58) entstehen an der Oberseite Verkürzungen, also Druckspannungen, und an der Unterseite Verlängerungen, also Zugspannungen. Eine bestimmte mittlere Faserschicht ändert demnach ihre Länge nicht, so daß in ihr keine Spannungen auftreten; sie heißt deshalb neutrale Faserschicht. Der Schnitt der Kraftebene $y - y$ mit der neutralen Faserschicht $n - n$ wird neutrale Linie oder Nullinie des Querschnittes genannt. Die Spannungsverteilung wird unter der Annahme berechnet, daß die Querschnitte eines Balkens auch nach der Biegung eben bleiben (Hypothese von Bernoulli oder Navier). Versuche haben gezeigt, daß diese Annahme für homogene Stoffe gilt, solange die Spannungen im Proportionalitätsbereich liegen, solange also das Hookesche Gesetz gilt.

Betrachtet man ein aus einem Balken herausgeschnittenes Element $a'b'c'd'$ (Bild 58) $a''b''c''d''$ in Bild 59 (wobei $a_0d_0$ parallel $b''c''$ ist) von der Länge $l$, so hat eine Faser im Abstand $y$ von der Nullinie die Dehnung $\varepsilon = \frac{z}{l}$.

Da nach dem Hookeschen Gesetz $\varepsilon = \frac{\sigma}{E}$ ist, ergibt sich

$\sigma = \varepsilon \cdot E = \frac{z}{l} E$ und für die Randfaser

$$\sigma_1 = \frac{z_1}{l} \cdot E; \quad \sigma_2 = \frac{z_2}{l} \cdot E. \tag{47}$$

Geht bei der Biegung der Querschnitt $a_0d_0$ in die geneigte Gerade $a''d''$ über (nach Navier), so gilt:

$$\sigma : \sigma_1 : \sigma_2 = y : y_1 : y_2$$

also (48)

$$\sigma = \frac{\sigma_1}{y_1} \cdot y.$$

Aus der Projektionsgleichung auf die Waagerechte Gl. (46a) $\int\limits_{y_1}^{y_2} \sigma dF = 0$ und mit Gl. (48) $\sigma = \frac{\sigma_1}{y_1} \cdot y$ erhält man:

$$\frac{\sigma_1}{y_1} \int\limits_{y_1}^{y_2} y \cdot dF = 0$$

oder

$$\int\limits_{y_1}^{y_1} y \cdot dF = 0. \tag{49}$$

Das statische Moment aller Flächenteile des Querschnittes bezogen auf die Nullinie ist somit gleich Null. Oder: **Die Nullinie geht durch den Schwerpunkt des Querschnittes.**

Da das Moment der inneren Kräfte gleich dem Moment $M_x = M$ der äußeren Kräfte sein muß, folgt z. B. für Punkt $K_0$ des Bildes 59:

$$M = \int \sigma \cdot dF \cdot y;$$

und mit der Gl. (48)

$$M = \frac{\sigma_1}{y_1} \int_{y_2}^{y_1} y^2 \cdot dF \,. \tag{50}$$

Der Ausdruck $\int y^2 \cdot dF = J$ heißt das Trägheitsmoment des Querschnittes in bezug auf die Nullinie. Es ist also

$$M = \frac{\sigma_1}{y_1} \cdot J$$

und allgemein

$$\frac{M}{J} = \frac{\sigma}{y} = \frac{\sigma_1}{y_1} = \frac{\sigma_2}{y_2} = \frac{\sigma_3}{y_3} = \cdots$$

oder

$$\sigma = \frac{M}{J} \cdot y \,, \tag{51}$$

d. h. die Spannung in irgendeinem Punkte eines Querschnittes ist gleich dem Produkt aus dem Biegemoment für den Querschnitt und dem Abstand des Punktes von der Nullinie, dividiert durch das Trägheitsmoment des Querschnittes, bezogen auf die Nullinie.

Die größten Spannungen sind (s. Bild 59) die beiden Randspannungen der Querschnitte; also diejenigen Randfasern, die den größten Abstand $y_{\max}$ von der Nullinie haben, ergeben die größten Spannungen

$$\sigma_{\max} = \frac{M}{J} \cdot y_{\max} \,.$$

Bezeichnet man den mathematischen Ausdruck

$$\frac{J}{y_{\max}} = W$$

als Widerstandsmoment (s. Gl. (102)), so ist die für die Querschnittsmessung der auf Biegung beanspruchten Balken maßgebende Gleichung

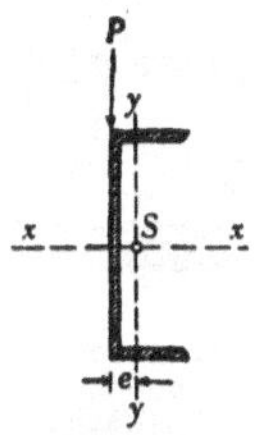

Bild 60. Biegung eines U-Eisens, bei welcher äußeres und inneres Moment nicht in einer Ebene liegen.

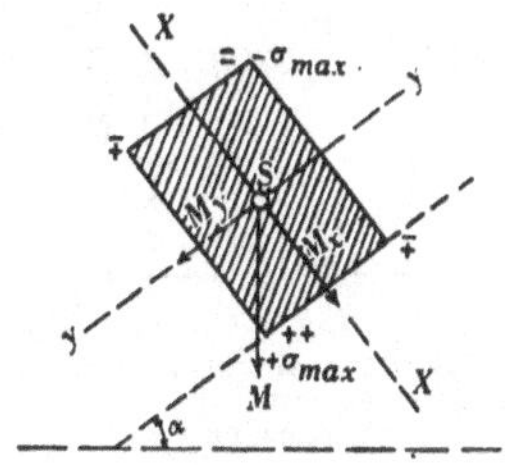

Bild 61. Schiefe Biegung.

(52) $$\sigma_{\max} = \frac{M}{W}.$$

Für die Gültigkeit der Biegeformeln müssen streng genommen stets alle Voraussetzungen beachtet werden, unter denen sie abgeleitet worden sind:

1. Die Körper müssen dem Hookeschen Gesetz folgen.
2. Die Nullinie muß durch den Schwerpunkt des Querschnitts gehen.
3. Das innere Kräftepaar muß nicht nur dem äußeren Biegemoment $M$ gleich sein, sondern muß auch in seiner Ebene liegen (sonst tritt Verdrehung hinzu, wie z. B. bei dem am Rande belasteten U-Eisen nach Bild 60).
4. Das Zentrifugalmoment des Balkenquerschnittes bezogen auf ein durch den Querschnitt gelegtes rechtwinkliges Achsenkreuz muß gleich Null sein (Hauptachsen).
5. Das Biegemoment $M$ oder die Ebene der äußeren Kräfte soll in einer der beiden Hauptachsen liegen. Ist dies nicht der Fall (wie z. B. bei Dachfetten), so tritt schiefe Biegung auf (Bild 61). Die Biegespannungen werden dann durch Zerlegung des Momentes in zwei Komponenten nach den Hauptachsen und unter Anwendung des Superpositionsgesetzes berechnet.

Die Zerlegung der Streckengröße $M$ nach den Hauptachsen $X$ und $Y$ ergibt:

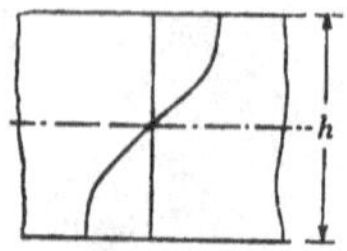


Bild 62. Biegespannungen eines Balkenelementes nach Überschreitung der Proportionalitätsgrenze.

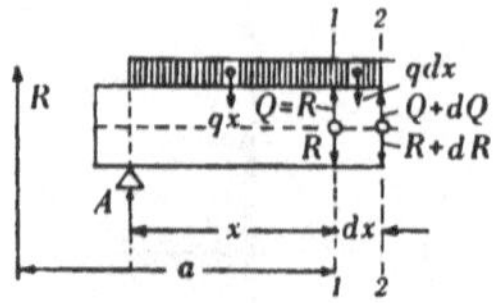


Bild 63. Kräfte in zwei benachbarten Querschnitten eines Balkens auf 2 Stützen.

$$M_x = M \cdot \cos\alpha, \; M_y = M \cdot \sin\alpha$$

und damit werden die Spannungen

$$(53) \quad \begin{cases} \sigma_x = \pm \dfrac{M_x}{W_x} = \pm \dfrac{M \cdot \cos\alpha}{W_x} \\ \sigma_y = \pm \dfrac{M_y}{W_y} = \pm \dfrac{M \cdot \sin\alpha}{W_y} \end{cases}$$

Nach Überschreitung der Elastizitätsgrenze sind die Spannungen in den Fasern den Dehnungen nicht mehr proportional. Versuche haben jedoch gezeigt, daß auch dann noch die Naviersche Annahme annähernd erfüllt ist. Es sind zwar die Längsdehnungen den Abständen von der neutralen Schicht proportional, während die Normalspannungen sich gemäß der Spannungs-Dehnungs-Linie verändern. Die Spannungsverteilung nach Überschreiten der Proportionalitätsgrenze hat dann den Verlauf nach Bild 62.

### 2. Zusammenhang zwischen Biegemoment und Querkraft.

Betrachtet man zwei Nachbarquerschnitte 1 und 2 eines Balkens unter einer stetigen Last, z. B. einer gleichmäßig verteilten Last $q$, so ist für den Schnitt 1 (Bild 63) nach Gl. (46) $M_1 = R \cdot a$ und $Q_1 = Q = R$, dagegen für den Schnitt 2:

$$M_2 = M_1 + dM = (R + dR) \cdot (a + dx) = R \cdot a + R \cdot dx.$$

Da $M_1 = R \cdot a$ und $R = Q$ ist, folgt:

$$dM = Q \cdot dx$$

oder

$$(54\text{a})\quad Q = \frac{dM}{dx}\,.$$

Ferner ist die Querkraft im Schnitt 2:

$$Q + dQ = R - q \cdot dx,$$

also ist

(54b)

$$q = -\frac{dQ}{dx} = -\frac{d^2M}{dx^2}\,.$$

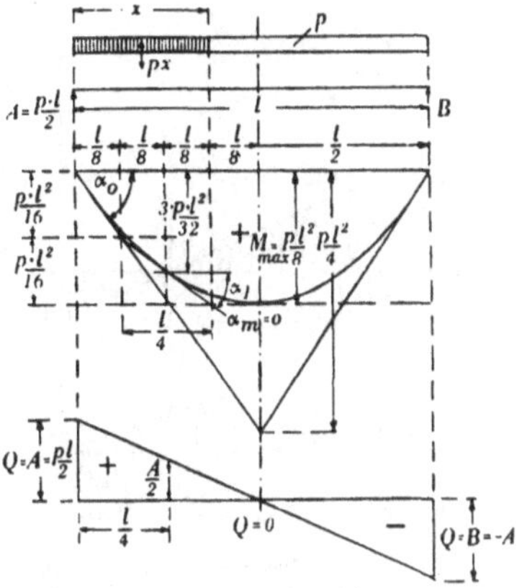


Bild 64. Schnittkräfte eines Balkens auf 2 Stützen mit gleichmäßig verteilter Last $q$.

Anwendung: a) G l e i c h m ä ß i g   v e r t e i l t   b e l a s t e t e r   B a l k e n   a u f   z w e i   S t ü t z e n. (Bild 64)

$$M_x = A \cdot x - p \cdot x\frac{x}{2} = \frac{p \cdot l}{2} \cdot x - \frac{p \cdot x^2}{2} = \frac{p \cdot x}{2}(l - x)$$

$$Q_x = A - p \cdot x = \frac{p \cdot l}{2} - p \cdot x = p\left(\frac{l}{2} - x\right) = \frac{dM}{dx}$$

$$\tan\alpha = \frac{dM}{dx} = Q\,.$$

| Für die Werte $x =$ | $0$ | $\frac{l}{4}$ | $\frac{l}{2}$ | $l$ |
|---|---|---|---|---|
| wird $M =$ | $0$ | $\frac{3}{32}p \cdot l^2$ | $\frac{p \cdot l^2}{8}$ | $0$ |
| $Q = \tan\alpha =$ | $\frac{p \cdot l}{2}$ | $\frac{p \cdot l}{4}$ | $0$ | $-\frac{p \cdot l}{2}$ |
| an $\alpha = \frac{dM}{dx} =$ | $\frac{p \cdot l^2}{4} : \frac{l}{2} = \frac{p \cdot l}{2}$ $= \tan\alpha_0$ | $\frac{p \cdot l^2}{16} : \frac{l}{4} = \frac{p \cdot l}{4}$ $= \tan\alpha_1$ | $0$ $= \tan\alpha_m$ | $= \tan\alpha_0$ |

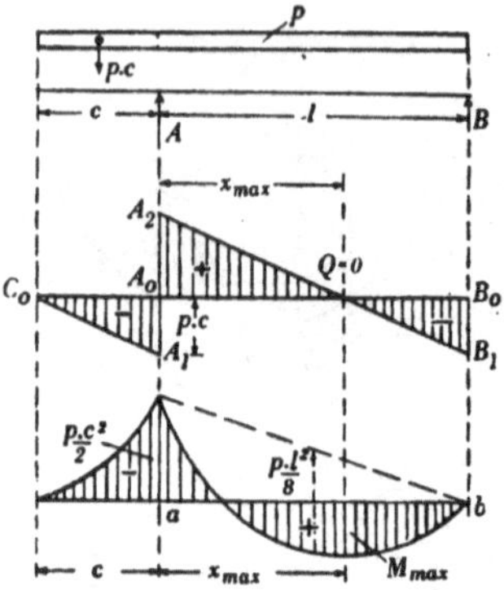


Bild 65. Schnittkräfte eines Balkens auf 2 Stützen mit Kragarm und gleichmäßig verteilter Last $q$.

b) Balken auf zwei Stützen mit Kragarm (Bild 65). Nutzanwendung von Gl. (54a) zur Bestimmung der Stelle $x_{max}$, an der der Größtwert des Biegemomentes $M_{max}$ auftritt.

Man zeichne die Querkraftlinie $CA_1A_2B_1$ und bestimme ihren Schnittpunkt $D_0$ mit $A_0B_0$. Dann ist $A_0D_0 = x_{max}$. (Die Momentengleichung für Punkt $a$ ergibt:

$$B\ l - \frac{p \cdot l^2}{2} + \frac{p \cdot c^2}{2} = 0\,;$$

und jene für Punkt $b$:

$$A \cdot l - p \cdot c\left(l + \frac{c}{2}\right) - \frac{p \cdot l^2}{2} = 0\,.)$$

## 3. Schubspannungen bei Biegung

Nach Gl. (33) erzeugt eine Schubspannung in einem Punkte $dF$ eines senkrechten Stabquerschnittes in dem anstoßenden Flächenteilchen eines zu ihm rechtwinkligen, also waagerechten Schnittes eine ihr an Größe gleiche Schubspannung. (Zur leichteren Veranschaulichung wird mitunter die in der Ebene der Querkraft, also in der senkrechten Ebene, wirkende Schubspannung als Scherspannung bezeichnet, während der Name Schubspannung für die in der waagerechten Ebene wirkende Spannung vorbehalten bleibt, da diese ein Verschieben der einzelnen übereinanderliegenden Faserschichten des Balkens herbeiführen.)

Vergleicht man einen Holzbalken von der Höhe $h$ (Bild 66) mit einer Anzahl übereinanderliegender Bretter von der

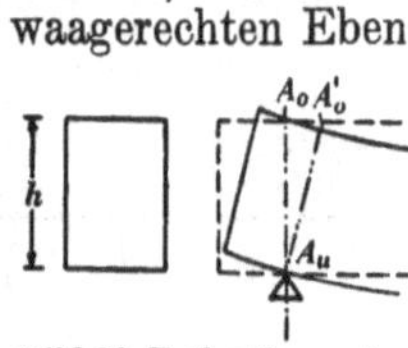


Bild 66. Endauflager eines Balkens bei Biegung.

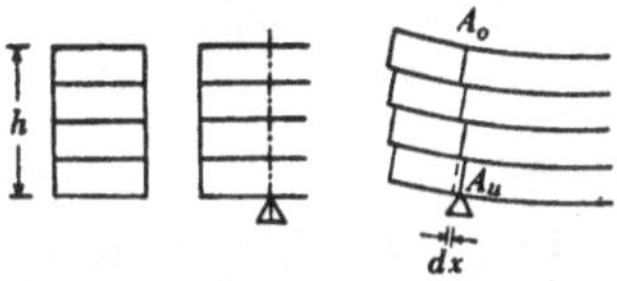


Bild 67. Endauflager eines Bretterstoßes bei Biegung.

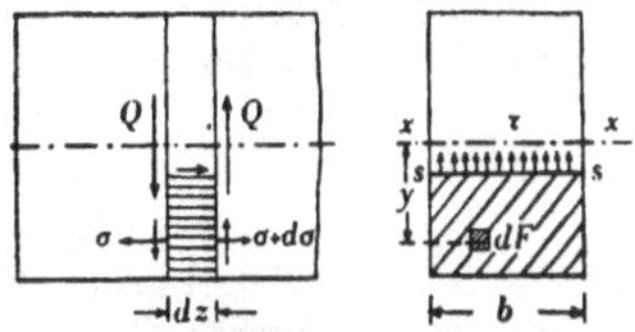


Bild 68. Schubkraft im Querschnitt eines Balkenteiles.

gleichen Gesamthöhe $h$ (Bild 67), und kennzeichnet durch Aufreißen das Stützenlot $A_0A_u$ vor der Verbiegung, so erkennt man an der verschiedenartigen Verformung den Unterschied in beiden Fällen und vor allem auch die waagerechte Verschiebung $\Delta x$ zwischen den übereinanderliegenden Brettern.

a) G r ö ß e  d e r  S c h u b k r a f t. In der Schubfläche $b \cdot dz$ (Bild 68) wirkt die Schubkraft $\tau \cdot b \cdot dz$, die ein Abtrennen des schraffierten Teiles von der gesamten Querschnittsfläche herbeizuführen sucht. Die Projektion auf die Waagerechte der auf diesen abzutrennenden Körperteil wirkenden Kräfte ergibt:

$$\tau \cdot b \cdot dz = \int (\sigma + d\sigma) dF - \int \sigma dF = \int d\sigma dF\,.$$

Bleibt die Querschnittsfläche auf die unendlich kleine Länge $dz$ unveränderlich und ist $Q$ die Querkraft und $J$ das Trägheitsmoment, bezogen auf die waagerechte Schwerlinie, so ist nach Gl. (51):

$$d\sigma = d\,\frac{M \cdot y}{J} = \frac{Q \cdot dz \cdot y}{J}\,,$$

weil nach Gl.(54a) die Querkraft die 1. Abgeleitete des Biegemomentes ist. Daher wird aus $\tau \cdot b \cdot dz = \frac{Q \cdot dz \cdot y}{J}\,dF$ (wenn man berücksichtigt, daß hier $dz$ einen konstanten Abstand darstellt, also unveränderlich ist):

$$\tau = \frac{Q}{b \cdot J} \int y \cdot dF = \frac{Q}{b} \cdot \frac{S'}{J}\,. \tag{55}$$

Dabei ist zu beachten, daß $S'$ das statische Moment der abzutrennenden Fläche, bezogen auf die waagerechte Schwerlinie des gesamten Querschnittes, bedeutet. Die Schubkraft für die Längeneinheit ist dann $T = b \cdot \tau$ (in kg/cm²), d. h.

$$T = Q \cdot \frac{S'}{J}. \tag{56}$$

In Worten: Die Schubkraft für die Längeneinheit eines Stabes ist gleich der Querkraft des Querschnittes, multipliziert mit dem statischen Moment des abzutrennenden Flächenteiles, dividiert durch das Trägheitsmoment der gesamten Querschnittsfläche.

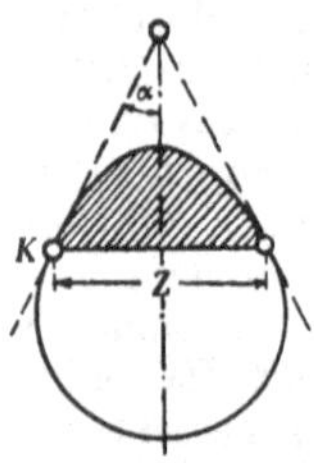

Bild 69. Schubspannungen im beliebigen symmetrischen Querschnitt.

Für einen beliebigen symmetrischen Querschnitt ist mit den aus Bild 69 ersichtlichen Bezeichnungen die Schubspannung am Rande:

$$\tau = \frac{Q \cdot S'}{J \cdot z \cdot \cos \alpha}. \tag{57}$$

worin $\alpha$ den Winkel zwischen der Symmetrieachse und der Tangente im Randpunkt der Schnittfläche bedeutet.

b) Die Verteilung der Schubspannungen über die Querschnittsbreite $b$ ist bei beliebiger Querschnittsform unbestimmt. Sie läßt sich nur in bestimmten Fällen nachweisen, z. B. beim Rechteckquerschnitt, und auch da nur für Schnittlinien, die parallel zur $x$-Achse geführt sind. Dabei erreichen die Schubspannungen ihren größten Wert erstens mit der größten Querkraft $Q_{max}$ und zweitens auch dann, wenn bei gleichbleibendem $Q$ der Ausdruck $\frac{S'}{J}$, also bei gegebenem Querschnitt und gegebenem $J$ das statische Moment des abzutrennenden Flächenteiles, ein Maximum wird. Das ist aber dann der Fall, wenn die abzutrennende Linie mit der Schwerlinie, also der neutralen Schicht, zusammenfällt.

Rechteckquerschnitt. Für einen Rechteckquerschnitt eines Balkens mit der Höhe $2 \cdot a = h$ und der Breite $2 \cdot b$

(Bild 70) und dem Abstand $y$ der Trennlinie von der Schwerlinie $x$—$x$ ist der Inhalt der abzutrennenden Fläche $F_s = 2 \cdot b\,(a - y)$ und ihr statisches Moment auf die Schwerlinie

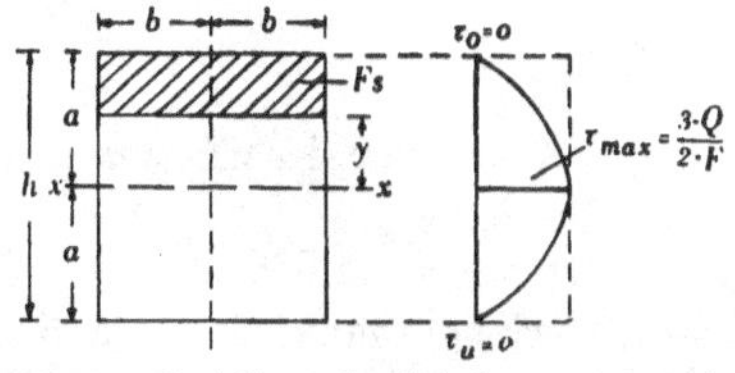


Bild 70. Verteilung der Schubspannungen im Rechteckquerschnitt.

$x - x$ hier $S' = F_s \cdot \frac{1}{2}\,(a + y) = b(a^2 - y^2)$. Somit wird $J = \frac{(2 \cdot b)h^3}{12} = \frac{4}{3} b \cdot a^3$ und mit $F = 4 \cdot a \cdot b$ nach Gl. (55):

$$\tau = \frac{Q}{2 \cdot b} \cdot \frac{S'}{J} = \frac{3 \cdot Q}{2 \cdot F} \left(1 - \frac{y^2}{a^2}\right). \tag{58}$$

Die Verteilung der Schubspannungen beim Rechteckbalken folgt also dem Gesetz einer Parabel. Der Größtwert liegt bei $y = 0$ in der neutralen Schicht mit

$$\tau_{\max} = \frac{3}{2} \cdot \frac{Q}{F}, \tag{59}$$

während in den Randfasern mit $y = 0$ die Schubspannungen zu Null werden (Bild 70). Bemerkenswert ist, daß die größte Schubspannung um 50% größer ist, als die mit $\frac{Q}{F}$ angenommene einfache Scherspannung.

Diese Gleichungen sind unter der Voraussetzung abgeleitet, daß die Schubspannungen längs der Trennlinie $s$—$s$ (Bild 68) konstant und der Querkraft parallel gerichtet sind. Die genaue Lösung dieses Problems zeigt jedoch, daß beim Rechteckquerschnitt der Größtwert der Schubspannungen noch von dem Verhältnis der Breite $b$ (wobei $b$ die ganze Querschnittsbreite ist) zur Höhe $h$ abhängig ist, so daß die genaue Gleichung[30]) lautet:

---

[30]) s. Timoshenko-Lessells, Schrifttum Nr. 11, S. 60.

$$\tau = \alpha \cdot \frac{3}{2} \cdot \frac{Q}{b \cdot h}. \tag{60}$$

Einige Werte des Koeffizienten $\alpha$ sind:

| für $b/h =$ | $^1/_2$ | 1 | 2 | 4 |
|---|---|---|---|---|
| ist $\alpha$ $=$ | 1,033 | 1,126 | 1,396 | 1,988 |

Daraus erkennt man, daß die Näherungsgleichung (59) für schmale, hohe Rechteckquerschnitte gut stimmt.

Beim Kreisquerschnitt lautet die Näherungsgleichung

$$\tau_{max} = \frac{4}{3} \cdot \frac{Q}{F}; \tag{61a}$$

und die geanue Lösung

$$\tau_{max} = 1{,}38 \frac{Q}{F}, \tag{61b}$$

die die Brauchbarkeit der Gl. (61a) bestätigt. Für einen Kreisring mit verhältnismäßig geringer Wandstärke gilt als Näherungsformel

$$\tau_{max} = 2 \frac{Q}{F}. \tag{62}$$

### 4. Beton- und Eisenbetonbalken bei Biegung

Wird ein Betonbalken einer Biegung unterworfen, so tritt bei einer bestimmten Laststufe der Bruch des Balkens durch Überwindung der Zugfestigkeit ein. Beim Eisenbetonbalken übernimmt nach Eintreten dieser Zugrisse im Beton das Eisen allein die Zugkräfte. Bei weiter zunehmender Belastung wird die Streckgrenze des Eisens überschritten. Der Bruch des Balkens erfolgt dann entweder durch Überwindung der Zugfestigkeit des Eisens oder der Druckfestigkeit des Betons.

Bei Beton gilt das Hookesche Gesetz schon im Bereiche der zulässigen Belastungen nicht mehr, während Versuche gezeigt haben, daß ebene Querschnitte im allgemeinen auch nach der Biegung eben bleiben, d. h., daß das Naviersche Gesetz zutrifft. Dies gilt auch für die im Eisenbetonbau sehr häufig vorkommenden Plattenbalken. Ausgenommen sind allerdings solche Balken mit sehr breiten Platten, bei denen die Zusammendrückung über der Balkenmitte größer ist als

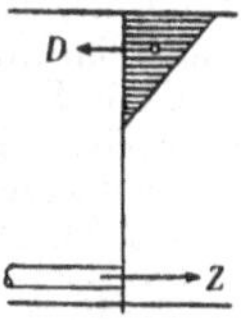


Bild 71. Stadium IIb für Bemessung von Eisenbetonbalken.

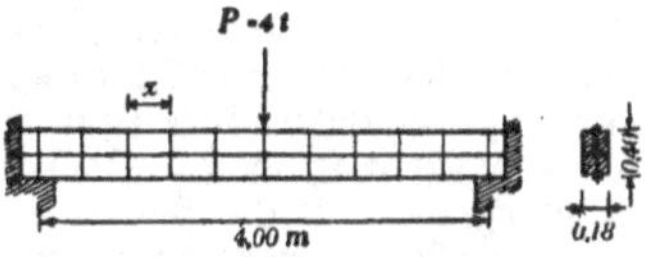


Bild 72.

an den äußeren Plattenenden, und ebenfalls einseitige Plattenbalken.

Beim Biegeversuch mit Eisenbetonbalken unterscheidet man die Stadien I: Zugzone wirkt noch mit, IIa: die Druckspannungen wachsen stark, während die Dehnbarkeit des Betons in Verbindung mit den Eisen nur sehr wenig zunimmt, IIb: die Zugfestigkeit des Betons ist überwunden, und III: das Bruchstadium. Für die Bemessung der Eisenbetonbauteile wird das Stadium IIb zugrunde gelegt mit der Annahme, daß die gesamte Zugkraft von den Eisen aufgenommen wird und die Druckzone ein Dreieck darstellt (Bild 71).

Die Durchbiegung von Eisenbetonbalken läßt sich nicht ohne weiteres in der einfachen Weise wie bei Stahlträgern berechnen, weil, wie schon erwähnt, das Hookesche Gesetz nicht gilt und das Elastizitätsmaß $E$ nicht konstant bleibt (s. Bild 18). Versuche haben gezeigt, daß im Stadium I, also bis zum Auftreten der Risse in der Zugzone, die Durchbiegungen proportional den Belastungen wachsen. Daher entsteht in der Last-Durchbiegungs-Linie beim Überschreiten der Zugfestigkeit des Betons ein Knick.

Formeln für die Durchbiegung sind bei Eisenbetonbalken praktisch wertlos, da genaue Werte nur durch sehr verwickelte Gleichungen errechnet werden könnten und Näherungsformeln zu große Abweichungen gegen die im allgemeinen sehr kleinen wirklichen Durchbiegungswerte von Eisenbetonkonstruktionen zeigen. Es ist daher im Eisenbetonbau nicht möglich, die Durchbiegung als Gütemaßstab einer Konstruktion anzugeben.

9. Beispiel. Ein durch eine Einzellast $P = 4$ t belasteter Holzbalken mit einer Spannweite von $l = 4{,}0$ m bestehe aus zwei verschraubten Teilen mit dem Gesamtquerschnitt 18/40 cm.

Wie groß ist die größte Zugspannung? Welche Entfernung und welchen Durchmesser müssen die Bolzen haben, wenn die Beanspruchung des Holzes auf Lochwandpressung und die Scherbeanspruchung der Bolzen ihre Grenzwerte erreichen sollen? Für das Holz gelte für Biegung $\sigma = 100$ kg/cm² und für Lochwandpressung $\sigma_l = 40$ kg/cm²; für die Bolzen für Abscheren $\tau = 1000$ kg/cm².

Die größte Holzbeanspruchung findet man aus:

$$\sigma = \frac{M}{W},$$

mit

$$M = \frac{P \cdot l}{4} = \frac{4{,}0 \cdot 4{,}0}{4} = 4{,}0 \text{ tm}$$

und

$$W = \frac{b \cdot h^2}{6} = \frac{18{,}0 \cdot 40{,}0^2}{6} = 4800 \text{ cm}^2,$$

zu

$$\sigma = \frac{400000}{4800} = \underline{83{,}4 \text{ kg/cm}^2 < 100 \text{ kg/cm}^2}.$$

Die Tragkraft eines Bolzens ist

$$T_B = \frac{\pi \cdot d^2}{4} \cdot \tau = \frac{\pi \cdot d^2}{4} \cdot 1000 = 785 \cdot d^2$$

und der aufnehmbare Lochwanddruck für das Holz

$$D_l = d \cdot h \cdot \sigma_l = d \cdot 40{,}0 \cdot 40{,}0 = 1600\, d\,.$$

Aus der Bedingung $T_B = D_l$ ergibt sich der Bolzendurchmesser zu

$$d = \frac{1600}{785} = \underline{2{,}0 \text{ cm}}.$$

Zwischen beiden Balken von der Breite $b$ und auf der Strecke $x$ zwischen zwei Bolzen ist die Schubkraft $T$ (in t und cm) aus

$$T = b \cdot x \cdot \tau_{\max} = b \cdot x \frac{3 \cdot Q}{2 \cdot F}$$

zu berechnen. Die von einem Bolzen aufnehmbare Schubkraft $T = N_s$ beträgt

$$T = N_s = T_B = 785 \cdot d^2 = 785 \cdot 2{,}0^2 = 3{,}14 \text{ t}.$$

Der Abstand $x$ der Bolzen berechnet sich damit aus

$$N_s = b \cdot x \frac{3 \cdot Q}{2 \cdot F}$$

mit $Q = \frac{P}{2} = 2{,}0$ t und $F = 40{,}0 \cdot 18{,}0 = 7200$ cm²

zu

$$x = \frac{2 \cdot F \cdot N_s}{b \cdot 3 \cdot Q} = \frac{2 \cdot 7200 \cdot 3{,}14}{18 \cdot 3 \cdot 2{,}0} = \underline{42 \text{ cm.}}$$

10. Beispiel. Für eine ruhende Welle ist nach Bild 73 der Durchmesser zu ermitteln, wenn die zulässige Spannung infolge der wechselnden Belastung nur 400 kg/cm² betragen soll und das Schwungrad 6 t wiegt.

Unter Vernachlässigung des Eigengewichtes der Welle ist das größte Biegemoment:

$$M = \frac{6000 \cdot 50 \cdot 100}{150} = 200000 \text{kg} \cdot \text{cm}.$$

Dann ist das erforderliche Widerstandsmoment:

$$W = \frac{M}{\sigma} = \frac{200000}{400} = 500 \text{ cm}^3.$$

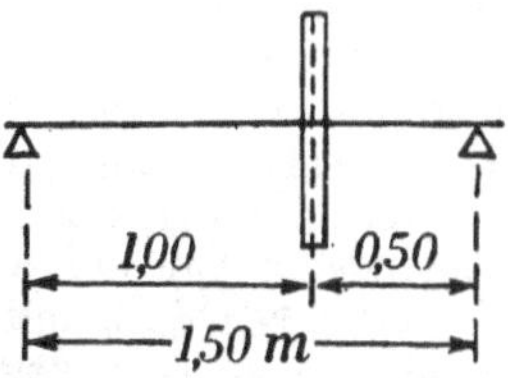

Bild 73.

Da das Widerstandsmoment eines Kreisquerschnittes $W = \frac{\pi \cdot d^3}{32}$ ist, findet man den erforderlichen Durchmesser aus:

$$\frac{\pi \cdot d^3}{32} = W = 500 \text{ cm}^3$$

$$d = \sqrt[3]{\frac{500 \cdot 32}{\pi}} = 17{,}2 \text{ cm} = \underline{172 \text{ mm.}}$$

Für einen gewählten Wellendurchmesser von $d = 180$ mm ist dann die größte Biegespannung:

$$\sigma = \frac{200000}{\frac{\pi \cdot 180^3}{32}} = \underline{350 \text{ kg/cm}^2.}$$

## V. Verdrehung

Verdrehungsspannungen (Verwindung, Torsion) entstehen in einem Stab, wenn die äußeren Kräfte ein Kräftepaar liefern, dessen Ebene zur Querschnittsebene parallel ist. Das Kräftepaar wird in diesem Falle mit Drehmoment bezeichnet, im Gegensatz zum reinen Biegemoment, bei dem sich die äußeren Kräfte zu einem Kräftepaar zusammenfassen lassen, dessen Ebene durch die Stabachse geht. In einem auf Verdrehung beanspruchten Stab, der im Maschinenbau eine Welle heißt, herrschen reine Schubspannungen $\tau$.

Ist der Stabquerschnitt ein Kreis, so lehrt die Erfahrung, daß alle Punkte, die vor der Verdrehung in einer Querschnittsebene enthalten waren, auch nach der Formänderung noch in einer zur Stabachse rechtwinkligen Ebene liegen und ferner, daß die Schubspannungen $\tau$ überall rechtwinklig zum Radiusvektor gerichtet sind, also in dem gleichen Sinne wirken, in dem auch die elastische Verschiebung vor sich geht. Verteilen sich außerdem bei dem auf Verdrehung beanspruchten Baustoff die Schubspannungen nach dem Gradliniengesetz über den Querschnitt (wie z. B. bei dem isotropen Körper Stahl), indem sie proportional mit den Abständen $r$ von der Stabachse aus zunehmen, so lassen sich für einen Stab mit kreisförmigem Querschnitt die Schubspannungen $\tau$ genau berechnen. Ebenso besteht für den elliptischen Querschnitt eine genaue Theorie (von de St. Venant), wo die Schubspannungen $\tau$ zwar rechtwinklig zu den beiden Hauptachsen der Ellipse stehen, sonst aber schief zum Radiusvektor gerichtet sind, was mit einer Wölbung der Querschnitte in Richtung der Stabachse verbunden ist.

Hat dagegen der Stabquerschnitt einen quadratischen, rechteckigen, U-förmigen, oder sonstigen geometrischen Umriß, so können die Schubspannungen nur durch Näherungsformeln berechnet werden.

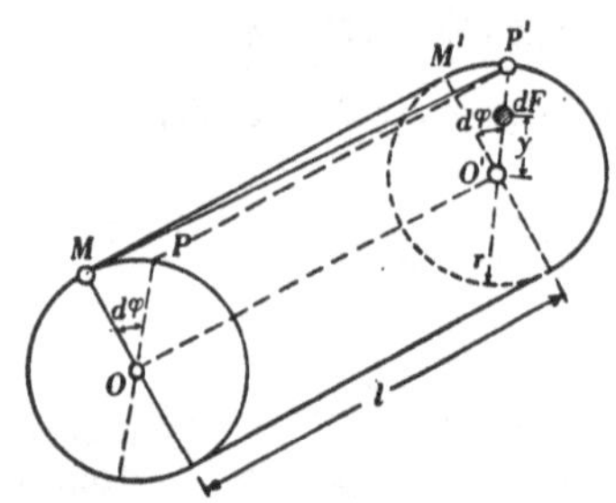

Bild 74. Verdrehung eines zylindrischen Stabes.

### 1. Der volle Kreisquerschnitt

Bei Verdrehung eines zylindrischen Stabes (Bild 74) wird der Halbmesser $O'M'$ gegen den um die Strecke $l$ entfernten parallelen Halbmesser $OM$ in die Lage $O'P'$ um den Winkel $d\varphi$ gedreht. Die Mantellinie $MM'$ verformt sich dabei in die Schraubenlinie $MP'$.

Zur Berechnung der Verdrehungsspannungen sind die beiden Annahmen erforderlich, daß die Halbmesser bei der Verdrehung geradlinig und die ebenen, zur Stabachse rechtwinkligen Querschnitte, eben und rechtwinklig zur Achse bleiben.

Irgendein Punkt $dF$ des Halbmessers $O'M'$ im Abstand $y$ vom Mittelpunkt beschreibt einen Kreisbogen von der Größe $y \cdot d\varphi$. Ist $l$ die Entfernung der beiden betrachteten Querschnitte und $\gamma$ die auf die Einheit bezogene Verdrehung, so ist $\gamma \cdot l = y \cdot d\varphi$, also

$$\gamma = \frac{y \cdot d\varphi}{l}\,. \tag{63}$$

Dabei ist die Verschiebungsrichtung stets rechtwinklig zum Halbmesser. Da nach Gl. (35) der Gleitungswinkel $\gamma = \frac{\tau}{G}$ ist, folgt als die zugehörige Verdrehungsspannung

$$\tau = \frac{y \cdot d\varphi}{l} \cdot G. \tag{64}$$

Der Spannungsgrößtwert wird mit $y = r$ erreicht, so daß am Rande

$$\tau_{\max} = \frac{r \cdot d\varphi}{l} \cdot G \tag{65}$$

entsteht. Die Schubspannung ist also an jeder Stelle des Halbmessers proportional der Entfernung vom Mittelpunkt:

$$\tau : \tau_{\max} = y : r\,.$$

Die Summe dieser in den Flächenteilchen $dF$ eines Querschnittes wirkenden Schubspannungen multipliziert mit den Abständen $y$ von der Achse ergeben das Verdrehungsmoment, das mit dem äußeren angreifenden Moment im Gleichgewicht ist. Man erhält somit:

$$M = \int \tau dF \cdot y$$

und mit $\tau = \frac{\tau_{max} \cdot y}{r}$

(66) $$M = \frac{\tau_{max}}{r} \int_0^r y^2 dF = \frac{\tau_{max}}{r} \cdot J_p ,$$

wenn $J_p = \int y^2 \cdot dF$ das polare Trägheitsmoment bedeutet, und die Verdrehungsspannung allgemein:

(67) $$\tau = \frac{M \cdot y}{J_p} ,$$

sowie die größte Spannung am Rande mit $y = r$:

(68) $$\tau_{max} = \frac{M \cdot r}{J_p} .$$

Da für den vollen Kreisquerschnitt $J_p = \frac{\pi \cdot r^4}{2}$ ist, geht Gl. (68) über in:

(69) $$\tau_{max} = \frac{2 \cdot M}{\pi \cdot r^3}$$

und die Gl. (64) des Verdrehungswinkels in:

(70a) $$d\varphi = \frac{2 \cdot M \cdot l}{\pi \cdot r^4 \cdot G} .$$

Führt man in Gl. (70) wieder $J = \frac{\pi \cdot r^4}{2}$ ein, so erhält man:

(70b) $$d\varphi = \frac{M \cdot l}{J_p \cdot G} .$$

Umgeformt erhält man daraus mit

(71) $$\frac{M \cdot l}{d\varphi} = J_p \cdot G$$

einen Ausdruck für die Verdrehungssteifigkeit. Bei gleichbleibendem Moment ist somit die Verdrehung um so kleiner, je größer $J_p$ und $G$ sind.

### 2. Anwendung

Die vollen zylindrischen Stäbe haben als Wellen im Maschinenbau besondere Bedeutung. Bei der Kraftübertragung leistet das Moment $M$ Arbeit. Ist für eine Welle eine bestimmte Leistung $N$ (in PS ausgedrückt) bei einer gegebenen Umdrehungsgeschwindigkeit ($n$ = Umdrehungen/min) vorgeschrieben, so berechnet sich der Durchmesser bei einer dem Baustoff entsprechenden zulässigen Verdrehungsbeanspruchung ($\tau_{zul}$) aus der Gleichung: (s. 11. Beispiel.)

$$(72) \qquad d = \sqrt[3]{\frac{365128\,N}{n \cdot \tau_{zul}}} \approx 71{,}5 \sqrt[3]{\frac{N}{n \cdot \tau_{zul}}}.$$

### 3. Hohle kreisförmige Wellen

Für eine hohle Welle mit dem äußeren Halbmesser $r_a$ und dem inneren $r_i$ ist das polare Trägheitsmoment $J_p = \frac{\pi}{2}(r_a^4 - r_i^4)$ und damit nach Gl. (68) die größte Verdrehungsspannung

$$(73) \qquad \tau_{\max} = \frac{2 \cdot M \cdot r_a}{\pi \cdot (r_a^4 - r_i^4)},$$

und der Verdrehungswinkel nach Gl. (71):

$$(74) \qquad d\varphi = \frac{2 \cdot M \cdot l}{\pi\,(r_a^4 - r_i^4) \cdot G}.$$

### 4. Verdrehungsspannungen in nicht kreisförmigen Querschnitten

Bei nicht kreisförmigen Querschnitten unter der Einwirkung von Verdrehungsspannungen trifft die Annahme eben bleibender Querschnitte nicht mehr zu, weil die Schubspannungen nicht in allen Querschnittspunkten rechtwinklig zum zugehörigen von der Stabachse ausgehenden Fahrstrahl stehen.

a) Für einen vollen Ellipsenquerschnitt sind die Schubspannungen in den Randpunkten der Halbachsen:

$$(75) \qquad \tau_{1\max} = \frac{2 \cdot M}{\pi \cdot a^2 \cdot b} \text{ und } \tau_{2\max} = \frac{2 \cdot M}{\pi \cdot a \cdot b^2}$$

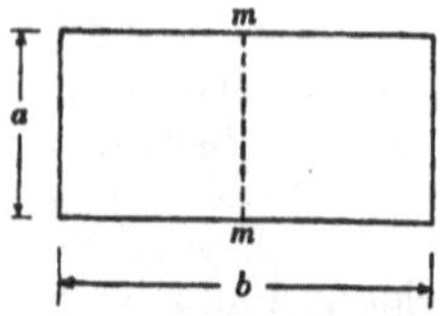


Bild 75. Rechteckiger Verdrehungsquerschnitt.

je nachdem die Punkte der kleinen Halbachse der Länge $a$ oder der großen von der Länge $b$ angehören.

b) In Stäben mit Rechteckquerschnitt tritt infolge der Verformung der Querschnitte die größte Schubspannung in den Punkten $m$ der Mittellinie der breiten Seiten (Bild 75) auf. Die größte Spannung $\tau$ und der Verdrehungswinkel können aus den Gleichungen berechnet werden[31]):

$$\tau_{max} = \frac{M}{\alpha \cdot b \cdot a^2} \tag{76}$$

$$d\varphi = \frac{M \cdot l}{\beta \cdot b \cdot a^2 \cdot G}, \tag{77}$$

worin $l$ die Länge des Stabes und $\alpha$ und $\beta$ Konstante sind, die vom Verhältnis $b/a$ abhängen (Taf. 4).

Tafel 4.

Werte für $\alpha$ und $\beta$ bei verschiedenen Verhältnissen $b/a$ von Rechteckquerschnitten

| $b/a =$ | 1 | 1,5 | 2 | 3 | 10 | $\infty$ |
|---|---|---|---|---|---|---|
| $\alpha =$ | 0,208 | 0,231 | 0,246 | 0,267 | 0,312 | 0,333 |
| $\beta =$ | 0,141 | 0,196 | 0,229 | 0,263 | 0,312 | 0,333 |

**5. Berechnungsergebnisse von C. Weber**[32])

für das Drehmoment $M$ und die Verdrehungsspannungen $\tau$. Eliminiert man jeweils den Verdrehungswinkel $\vartheta$ (d. i. der Winkel $\delta\varphi$, der sich nach Bild 74 für $l = 1$ cm ergibt), so erhält man eine Beziehung zwischen $M$ und $\tau$. Bild 76 zeigt die durchgerechneten Querschnittsformen:

[31]) s. Schrifttum Nr. 11, S. 31.

[32]) s. C. Weber, Schrifttum Nr. 12.

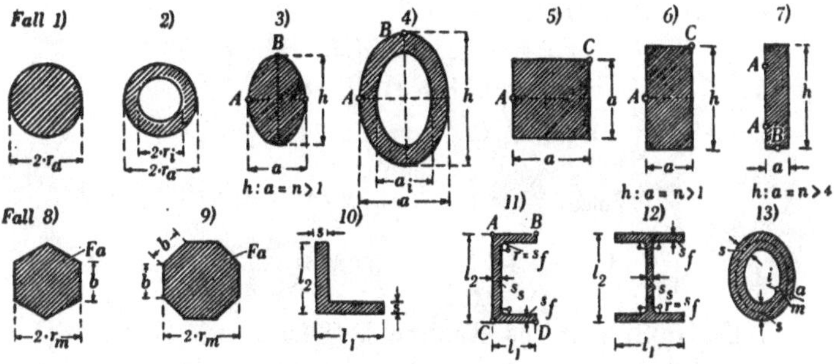


Bild 76. Querschnittsformen für die Schubspannungsformeln von C. Weber.

1. Fall: Vollkreis. Für $l = 1$ cm wird nach Gl. (70)

$$\vartheta = d\varphi = \frac{2 \cdot M}{\pi \cdot r^4 \cdot G}, \text{ also}$$

(78) $\begin{cases} \tau_r = r \cdot G \cdot \vartheta \text{ und } \tau = y \cdot G \cdot \vartheta \\ \text{und nach Gl. (66)} \\ M = \dfrac{\tau_r}{r} \cdot J_p = \dfrac{\pi \cdot r^4}{2 \cdot r} \cdot \tau_r = \dfrac{\pi}{2} r^4 \cdot G \cdot \vartheta \,. \end{cases}$

2. Fall: Kreisring. Nach Gl. (73 u. 74) ist

(79) $\begin{cases} \tau_\tau = r_a \cdot G \cdot \vartheta \text{ und } \tau = y \cdot G \cdot \vartheta \\ M = \dfrac{\pi}{2} (r_a^4 - r_i^4) G \cdot \vartheta \,. \end{cases}$

3. Fall: Vollellipse. $(h : a = n > 1)$.

(80) $\begin{cases} \tau_A = \tau_{\max} = \dfrac{n^2}{n^2 + 1} a \cdot G \cdot \vartheta, \ \tau_B = \dfrac{1}{n} \tau_A \\ M = \dfrac{\pi}{16} \cdot \dfrac{n^3}{n^2 + 1} \cdot a^4 \cdot G \cdot \vartheta \,. \end{cases}$

4. Fall: Ellipsenring. $(h : a = h_i : a_i = n > 1)$.

(81) $\begin{cases} \tau_A \text{ und } \tau_B \text{ wie Gl. (80)} \\ M = \dfrac{\pi}{16} \cdot \dfrac{n^3}{n^2 + 1} (a^4 - a_i^4) \, G \cdot \vartheta \,. \end{cases}$

5. Fall: Quadrat.

$$(82)\quad \begin{cases} \tau_A = \tau_{\max} = 0{,}6753\, a \cdot G \cdot \vartheta,\ \tau_C = 0 \\ M = 0{,}1404\, a^4 \cdot G \cdot \vartheta\,. \end{cases}$$

6. Fall: Rechteck. $(h : a = n > 1)$.

$$(83)\quad \begin{cases} \tau_{\max} = \sim \left(1 - \dfrac{0{,}65}{1+n^3}\right) \cdot a \cdot G \cdot \vartheta,\ \tau_C = 0 \\ M \;\; = \sim \dfrac{1}{3}\left(n - 0{,}630 + \dfrac{0{,}052}{n^4}\right) a^4 \cdot G \cdot \vartheta. \end{cases}$$

7. Fall: Schlankes Rechteck $(h : a = n > 4)$.

$$(84)\quad \begin{cases} \tau_A = \tau_{\max} = a \cdot G \cdot \vartheta,\ \tau_B = 0{,}7425\, a \cdot G \cdot \vartheta,\ \tau_C = 0, \\ M = \sim \dfrac{1}{3}\,(a^3 h - 0{,}630 a^4)\; G \cdot \vartheta \end{cases}$$

8. Fall: Sechseck (Fläche $= F_a$).

$$(85)\quad \begin{cases} \tau_{\max} = 1{,}1223\, r_m \cdot G \cdot \vartheta, \\ M \;\; = 0{,}533\, r_m^2 \cdot F_a \cdot G \cdot \vartheta\,. \end{cases}$$

9. Fall: Achteck (Fläche $= F_a$).

$$(86)\quad \begin{cases} \tau_{\max} = 1{,}164\, r_m \cdot G \cdot \vartheta, \\ M \;\; = 0{,}520\, r_m^2 \cdot F_a \cdot G \cdot \vartheta\,. \end{cases}$$

10. Fall: Ungleichschenkliger Winkel.

(87) Längs des Randes mit Ausnahme der Enden ist $\tau \sim s \cdot G \cdot \vartheta$, (in der Ausrundung 16% größer).

$$M = \frac{1}{3}\,(l_1 + l_2 - 1{,}6\, s)\; s^3 \cdot G \cdot \vartheta.$$

11. Fall: [- und ]-Eisen.

(88) Längs $\overline{AB}$ und $\overline{CD}$ : $\tau = \sim s_l \cdot G \cdot \vartheta$,
Längs $\overline{AC}$ : $\tau = \sim s_s \cdot G \cdot \vartheta$,
(geringe Erhöhung in den Ausrundungen)

$$M = \frac{1}{3} \cdot G \cdot \vartheta\left[(2 \cdot l_1 - s_l)\, s_l^3 + (l_2 - 1{,}6 \cdot s_l)\, s_s^3\right]$$

12. Fall: I-Eisen.

$$(89)\quad \begin{cases} \tau \text{ wie im Fall 11,} \\ M = \frac{1}{3} \cdot G \cdot \vartheta [(2 \cdot l_1 - 1{,}26 \cdot s_f) s_f^3 \\ \quad + (l_2 - 1{,}67 \cdot s_f + 1{,}76 \cdot s_s) s_s^3] \end{cases}$$

13. Beliebiger Ring von unveränderlicher Breite.

$U$ = Umfang, Durchschnittswert der Spannung im Ring:

$$(90)\quad \begin{cases} \tau_d = 2 \cdot G \cdot \vartheta \cdot \frac{F_m}{U_m}, \\ M = \sim 2 (F_a + F_i) \frac{s \cdot F_m}{U_m} G \cdot \vartheta . \end{cases}$$

wobei $F_i$ die innere, $F_m$ die mittlere und $F_a$ die ganze Fläche bedeuten (s. Bild 76, 13).

## 6. Vergleich der Querschnitte

Betrachtet man die Gleichungen für die größte Schubspannung der Ellipse und des Rechteckes in bezug auf den Kreis, so erkennt man, daß bei gleichen Flächen für ein gegebenes Moment bei der Ellipse $\tau_{\max}$ mit zunehmendem kleinen Halbmesser abnimmt und sein Optimum im Kreisquerschnitt erreicht, während dasselbe beim Rechteckquerschnitt im Übergang zum Quadrat eintritt.

Vergleicht man den Kreisquerschnitt mit einem flächengleichen Quadrat, so zeigt sich das Verhältnis

$$\tau_{\max\ \text{Quadrat}} = 1{,}27 \cdot \tau_{\max\ \text{Kreis}}.$$

Man erkennt daraus das günstige Verhalten des Kreisquerschnittes gegen Verdrehung. Noch günstiger ist der Kreisring, der bei gleichem Querschnitt mit $r_a = 1$ und $r_i = 0{,}8 \cdot r_a$ z. B. nur ein $\tau_{\max} = 0{,}366 \cdot \tau_{\max\ \text{Kreis}}$ aufweist.

## 7. Die zylindrische Spiralfeder

In einer zylindrischen mit einer Kraft $P$ belasteten Spiralfeder entsteht in jedem Querschnitt ein Verdrehungsmoment von der Größe $M = P \cdot R$, außerdem aber eine Schubkraft

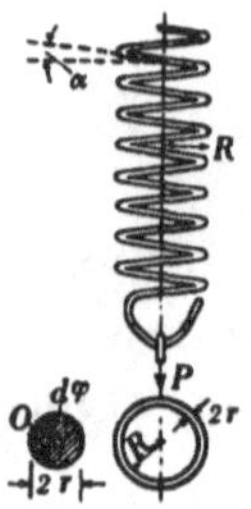

Bild 77. Zylindrische Spiralfeder.

$P \cdot \cos\alpha$ und eine Normalkraft $P \cdot \sin\alpha$. Im allgemeinen werden diese Kräfte jedoch vernachlässigt und die Berechnungen für reine Verdrehung durchgeführt.

Infolge des Verdrehungsmomentes $M = P \cdot R$ wird jeder Querschnitt der Spiralfeder um $d\varphi$ gegen den um $ds$ entfernten Nachbarquerschnitt verdreht. Nach Gl. (70) ist

$$d\varphi = \frac{2 \cdot M \cdot ds}{\pi \cdot r^4 \cdot G} = \frac{2 \cdot P \cdot R \cdot ds}{\pi \cdot r^4 \cdot G},$$

worin $r$ der Halbmesser des Drahtes ist. Diese Verdrehung bewirkt eine Verlängerung $d\Delta l$ in Richtung der Kraft $P$ von der Größe $d\Delta l = R \cdot d\varphi$. Dann ist

$$d\Delta l = \frac{2 \cdot P \cdot R^2}{\pi \cdot r^4 \cdot G} ds$$

und die ganze Verlängerung beträgt

$$\text{(91a)} \qquad \int d\Delta l = \frac{2 \cdot P \cdot R^2}{\pi \cdot r^4 \cdot G} \int ds = \Delta l = \frac{2 \cdot P \cdot R^2}{\pi \cdot r^4 \cdot G} s,$$

worin $s$ die Gesamtlänge der Spirale ist. Bezeichnet $n$ die Zahl der Windungen, so ist

$$s = n \cdot 2\pi \cdot R$$

und damit

$$\text{(91b)} \qquad \Delta l = \frac{4 \cdot n \cdot P \cdot R^3}{r^4 \cdot G}.$$

Durch Berücksichtigung der Schub- und Normalkraft kann die Verlängerung der Spiralfeder noch genauer ausgedrückt und die Gleichung zur Bestimmung des Gleitungsmaßes $G$ herangezogen werden. Der Einfluß der vernachlässigten Kräfte ist um so größer, je kleiner das Verhältnis vom Durchmesser der Spiralfeder zum Drahtdurchmesser ist.

11. Beispiel. Man leite die unter Gl. (72) gegebene Formel für den Durchmesser einer auf Verdrehung beanspruchten Welle ab und berechne die Spannung $\tau$, die bei einer Leistung von 200 PS und $n = 120$ Umdrehungen/min in einer Welle von 180 mm Durchmesser entsteht.

Die bei einer Wellenumdrehung geleistete Arbeit ist gleich dem Produkt aus Moment mal Winkel, also

$$A = 2 \cdot \pi \cdot M.$$

Dann ist die bei einer Umdrehungszahl $n$ in der Minute übertragene Leistung (1 PS = 75 mkg/sec = 7500 cmkg/sec)

$$N = \frac{2 \cdot \pi \cdot M \cdot n}{75 \cdot 1000 \cdot 60}.$$

Das Verdrehungsmoment ausgedrückt durch die Leistung ist:

$$M = \frac{225000 \cdot N}{\pi \cdot n} = \frac{71656 \cdot N}{n}.$$

Setzt man diesen Wert in die Gl. (69) ein, so erhält man die Größe der zulässigen Verdrehungsspannung zu:

$$\tau_{zul} = \frac{2 \cdot M}{\pi \cdot r^3} = \frac{2 \cdot 71656 \cdot N}{\pi \cdot r^3 \cdot n} = \frac{45641 \cdot N}{r^3 \cdot n}$$

und daraus mit einem gegebenen $\tau_{zul}$ den erforderlichen Wellendurchmesser in cm zu:

$$d = \sqrt[3]{\frac{365128 \cdot N}{n \cdot \tau_{zul}}} \approx 71{,}5 \sqrt[3]{\frac{N}{n \cdot \tau_{zul}}}.$$

Bei einer Leistung von 200 PS und 120 Umdrehungen/min entsteht in einer Welle vom Durchmesser $d = 180$ mm die Verdrehungsspannung

$$\tau = \frac{45641 \cdot 200}{9{,}0^3 \cdot 120} = 104{,}5 \text{ kg/cm}^2.$$

12. Beispiel. Bei einer zylindrischen Spirale wurde unter einer mittigen Last $P = 100$ kg eine Zusammendrückung $\Delta l =$ 47 mm gemessen. Die Spiralfeder bestand aus 10 Windungen vom Radius $R = 10$ cm und hatte eine Drahtstärke von $2 \cdot r = 2$ cm. Wie groß ist das Gleitungsmaß $G$ des Baustoffes und welche größte Verdrehungsspannung tritt auf?

Aus Gl. (91b) für die Verkürzung der Federachse (wobei die Anteile der Schub- und Normalkräfte vernachlässigt sind) erhält man für das Gleitungsmaß die Gleichung:

$$G = \frac{4 \cdot n \cdot P \cdot R^3}{r^4 \cdot \Delta l}$$

und mit den gegebenen Werten ergibt sich

$$G = \frac{4 \cdot 10 \cdot 100 \cdot 10^3}{1{,}0 \cdot 4{,}7} = 852000 \text{ kg/cm}^2.$$

Aus Gl. (69) für die größte Verdrehungsspannung für den vollen Kreisquerschnitt

$$\tau_{\max} = \frac{2 \cdot M}{\pi \cdot r^3} = \frac{2 \cdot R \cdot P}{\pi \cdot r^3}$$

ergibt sich mit P aus Gl. (91b)

$$P = \frac{\Delta l \cdot r^4 \cdot G}{4 \cdot n \cdot R^3}$$

die größte Verdrehungsspannung der Feder zu

$$\tau_{\max} = \frac{\Delta l \cdot r \cdot G}{2 \cdot \pi \cdot n \cdot R^2} = \frac{4{,}7 \cdot 1{,}0 \cdot 852000}{2 \cdot 3{,}14 \cdot 10 \cdot 100} = \underline{\underline{637 \text{ kg/cm}^2}}.$$

### 8. Verdrehung von Beton- und Eisenbetonkörpern

Wird eine unbewehrte Betonsäule auf Verdrehung beansprucht, so tritt die Zerstörung durch einen plötzlichen Bruch unter 45° gegen die Waagerechte ein. Diese Bruchrichtung ist deshalb erklärlich, weil, ähnlich wie in Bild 52 gezeigt ist, ein Quadrat der Mantelfläche in einen Rhombus übergeht. Dann entsteht in seiner größeren Diagonale die größte Dehnung und der Riß tritt rechtwinklig zu ihr auf, d. h. in einer Spirale in der Drehrichtung des angreifenden Momentes. Somit ist für Eisenbetonbauteile die Bewehrung gegen Verdrehung dann von größtem Wert, wenn sie als Spirale im Sinne des Verdrehungsmomentes verläuft[33]).

Für die Größe des Gleitungsmaßes fand Bach für 45 Tage alten Beton $G = 137000$ bis $142000$ kg/cm², während sich für denselben Beton als Elastizitätsmaß für Zug und Druck die Werte $E_z = 268000$ bis $369500$ kg/cm² und $E_D = 263000$ bis $309000$ kg/cm² ergaben.

[33]) Näheres über Versuche und Berechnung von Beton- und Eisenbetonbauteilen gegen Verdrehung s. Heft 16 der Veröffentlichungen des Deutschen Ausschusses für Eisenbeton (Verlag Ernst u. Sohn, 1912): „Widerstandsfähigkeit von Beton und Eisenbeton gegen Verdrehung". Des weiteren: Heft 258 der Forschungsarbeiten auf dem Gebiete des Ingenieurwesens (Berlin 1922) „Verdrehungsversuche zur Klärung der Schubfestigkeit von Eisenbeton". Rausch, Berechnung des Eisenbetons gegen Abscheren und Verdrehen", Springer, Berlin 1938. — W. Gehler, „Erläuterungen zu den Eisenbetonbestimmungen 1932" (W. Ernst u. Sohn, Berlin 1933), S. 173 Drehbeanspruchungen.

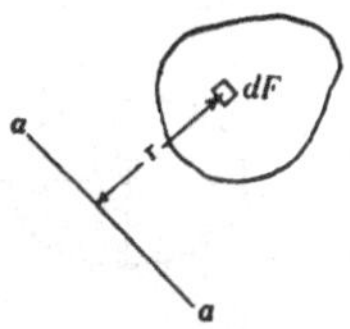


Bild 78a. Trägheitsmoment einer ebenen Fläche in bezug auf die Achse $a - a$.

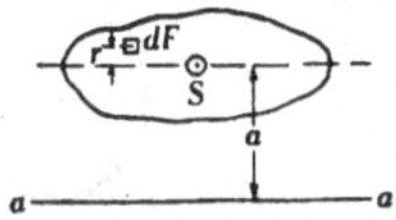


Bild 78b. Trägheitsmomente auf parallele Achsen.

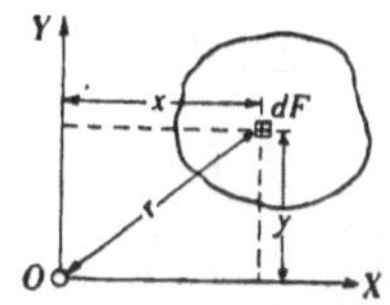


Bild 78c. Polares Trägheitsmoment, bezogen auf einen Punkt 0 und Zentrifugalmoment.

# VI. Zusammengesetzte Festigkeiten

Die bis jetzt erörterten Fälle der Beanspruchungen auf Zug, Druck, Biegung und Verdrehung kommen nicht nur in ihrer reinen Form vor, sondern treten häufig auch zusammengesetzt auf und ergeben dann die Fälle der zusammengesetzten Festigkeit. Einleitend müssen als Grundlage die Beziehungen der Trägheits- und Zentrifugalmomente untereinander und zu verschiedenen Achsensystemen behandelt werden, ebenso wie die Trägheitsellipse und der Mohrsche Spannungskreis.

## 1. Grundlagen

a) Trägheits- und Zentrifugalmomente für Schwerachsen und parallele Achsen. Der Begriff des Trägheitsmomentes einer ebenen Fläche (Bild 78a) in bezug auf eine Achse $a$—$a$, die in der Ebene der Fläche liegt, wird durch den Ausdruck $J_a = \int r^2 \cdot dF$ gegeben, worin $dF$ ein beliebiges Flächenteilchen mit dem rechtwinkligen Abstand $r$ von der Achse $a$—$a$ bedeutet. Das Vorzeichen des Trägheitsmomentes ist stets positiv, die Dimension $cm^4$. Ist das Trägheitsmoment auf eine Schwerachse bezogen ($J_s$), so ist jenes auf die zu ihr parallele Achse $a$—$a$ (Bild 78b) im Abstand $a$:

$$J_a = J_s + F \cdot a^2, \tag{92}$$

weil $\int (r + a)^2\, dF = \int r^2 dF + 2 \cdot a \int r \cdot dF + a^2 \int dF$ und nach der Definition des Schwerpunktes $\int r \cdot dF = 0$ ist, ferner $J_s = \int r^2 \cdot dF$ ist.

Das polare Trägheitsmoment lautet $J_p = \int r^2 \cdot dF$, worin $r$ der Abstand eines beliebigen Flächenteilchens von einem Punkt $O$ in der Ebene der Fläche ist (Bild 78c).

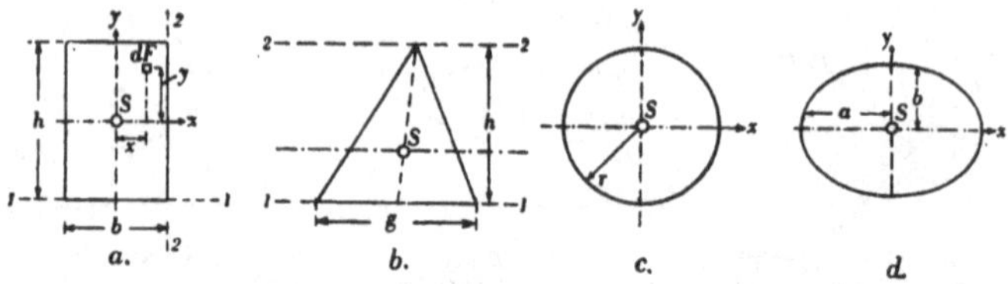


Bild 79. Trägheitsmomente ebener Flächen.

Hat eine Ebene in bezug auf zwei rechtwinklig zueinander stehenden Achsen $X$ und $Y$ die Trägheitsmomente $J_x = \int y^2 \cdot dF$ und $J_y = \int x^2 \cdot dF$, so ist ihr polares Trägheitsmoment $J_p$ in bezug auf den Punkt 0: $J_p = J_x + J_y$, da $r^2 = x^2 + y^2$.

Wird eine Achse parallel verschoben, so ist das kleinste Trägheitsmoment stets das auf die Schwerachse bezogene. Die Trägheitsmomente auf die verschiedenen Achsen der in Bild 79a bis d dargestellten ebenen Flächen lauten

Rechteck: $J_{s_x} = \frac{b \cdot h^3}{12}, \quad J_1 = \frac{b \cdot h^3}{3}$

$J_{s_y} = \frac{h \cdot b^3}{12}, \quad J_2 = \frac{h \cdot b^3}{3}.$

Dreieck: $J_s = \frac{g \cdot h^3}{36}, \; J_1 = \frac{g \cdot h^3}{12}, \; J_2 = \frac{g \cdot h^3}{4}.$

Kreis: $J_x = J_y = \frac{1}{2} J_p = \frac{\pi \cdot r^4}{4}.$

Ellipse: $J_x = \frac{\pi \cdot a\, b^3}{4}, \quad J_y = \frac{\pi \cdot a^3 \cdot b}{4}.$

Der Ausdruck $J_{xy} = \int x \cdot y \cdot dF$ in bezug auf die beiden senkrecht zueinander stehenden Achsen $X$ und $Y$ heißt das Zentrifugalmoment, das positiv oder negativ sein kann (Bild 78c). In bezug auf die Achsen $X'$ und $Y'$, die gegen $X$ und $Y$ um $a$ und $b$ verschoben sind, ist

(93) $$J'_{xy} = J_{xy} + F \cdot a \cdot b.$$

b) **Trägheits- und Zentrifugalmomente für gedrehte Achsen.** Wird das Achsenkreuz $X, Y$, für das die Werte

$$J_x = \int y^2 \cdot dF,\ J_y = \int x^2 \cdot dF$$

und

$$J_{xy} = \int x \cdot y \cdot dF$$

gelten (Bild 80) im Uhrzeigersinn um den Winkel $\alpha$ in die Lage $U, V$ gedreht, so ist

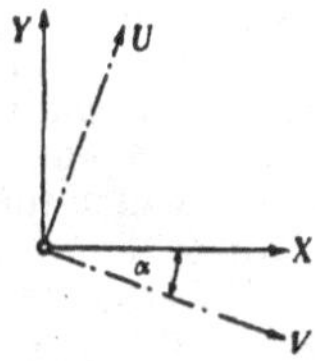


Bild 80. Gedrehte Achsen.

$$(94)\quad \begin{cases} J_u = J_x \cdot \cos^2\alpha + J_y \cdot \sin^2\alpha - J_{xy} \cdot \sin 2\alpha\,, \\ J_v = J_x \cdot \sin^2\alpha + J_y \cdot \cos^2\alpha - J_{xy} \cdot \sin 2\alpha\,, \\ J_{uv} = \frac{1}{2}(J_x - J_y)\sin 2\alpha + J_{xy} \cdot \cos 2\alpha\,. \end{cases}$$

Wird $\alpha = 45^0$, so vereinfachen sich die Gleichungen zu

$$(95)\quad \begin{cases} J_u = \frac{1}{2}(J_x + J_y) - J_{xy}\,, \\ J_v = \frac{1}{2}(J_x + J_y) + J_{xy}\,, \\ J_{uv} = \frac{1}{2}(J_x - J_y)\,. \end{cases}$$

Die Größt- und Kleinstwerte für $J_u$ und $J_v$ entstehen für die Bedingung

$$(96)\quad \tan 2\alpha = \frac{2 \cdot J_{xy}}{J_y - J_x}\,,$$

die sich durch Nullsetzen der ersten Ableitung der Gl. (94) für $J_u$ und $J_v$ ergibt und wofür das Zentrifugalmoment $J_{uv}$ Null wird. Die sich aus Gl. (96) ergebenden beiden ausgezeichneten Achsen heißen **Hauptachsen** und stehen rechtwinklig aufeinander. Für sie erhält man als Größt- und Kleinstwert der Trägheitsmomente aller durch den gleichen Ursprung gehenden Achsen die sog. **Hauptträgheitsmomente** zu

$$(97)\quad \begin{cases} J_a = \frac{1}{2}(J_x + J_y) + \frac{1}{2}\sqrt{(J_x - J_y)^2 + 4 \cdot J_{xy}^2} \\ J_b = \frac{1}{2}(J_x + J_y) - \frac{1}{2}\sqrt{(J_x - J_y)^2 + 4 \cdot J_{xy}^2} \\ \quad = J_x + J_y - J_a \\ \text{(Außerdem ist } J_{ab} = 0\text{).} \end{cases}$$

Gewöhnlich werden die Hauptachsen des Schwerpunktes benutzt. Die Symmetrieachsen sind stets Hauptachsen. Auch für nicht rechtwinklige Achsen kann $J_{xy}$ Null werden, sie heißen zugeordnete oder konjugierte Achsen. Von allen diesen konjugierten Achsen sind die Hauptachsen die einzigen, die rechtwinklig aufeinander stehen.

c) Trägheitsellipse. Aus der Fläche $F$ und den Hauptträgheitsmomenten $J_a$ und $J_b$ einer Fläche bestimmt man die Trägheitshalbmesser $i$ zu:

$$i_x = i_b = \sqrt{\frac{J_x}{F}}, \quad i_y = i_a = \sqrt{\frac{J_y}{F}}. \tag{98}$$

Trägt man $i_a$ und $i_b$ auf den Achsen $X$ und $Y$ auf (Bild 81) und zeichnet eine Ellipse mit den Halbmessern $a$ und $b$, so erhält man die sog. Trägheitsellipse, deren Gleichung lautet

$$\left(\frac{x}{i_a}\right)^2 + \left(\frac{y}{i_b}\right)^2 = 1. \tag{99}$$

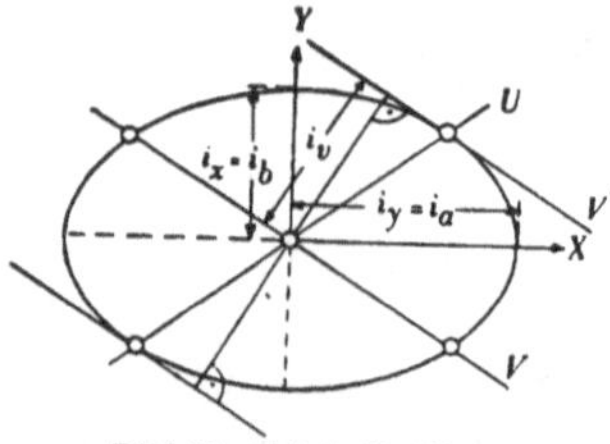

Bild 81. Trägheitsellipse.

Zwei konjugierte Ellipsen-Durchmesser sind dann auch zugeordnete Trägheitsachsen. Bezeichnet $i_v$ den rechtwinkligen Abstand der Achse $v$ von der parallelen Ellipsen-Tangente $v'$, so findet man das Trägheitsmoment für den beliebigen Achsendurchmesser $V$ zu

$$J_v = F \cdot i_v^2.$$

Fällt $V$ mit $X$ (bzw. $Y$) zusammen, so erhält man wieder die Trägheitsmomente der beiden Hauptachsen $J_x = F \cdot i_x^2$ (bzw. $J_y = F \cdot i_y^2$), da $i_v$ in $i_x$ (bzw. $i_y$) übergeht.

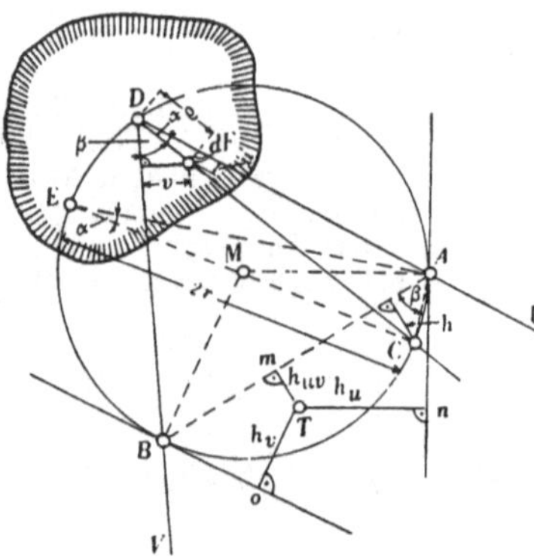

Bild 82. Mohrscher Trägheitskreis.

d) Trägheitskreis nach Mohr. Am einfachsten kann die zu einer gegebenen Achse konjugierte Achse, sowie die

Hauptachsen und die Größe der Hauptträgheitsmomente zeichnerisch mittels des Mohrschen Trägheitskreises bestimmt werden, wenn die Größen $J_x$, $J_y$ und $J_{xy}$ für irgendein bestimmtes Achsenpaar $X, Y$ gegeben sind. Der Punkt $D$ einer Fläche (Bild 82) sei der Schnittpunkt des Achsenpaares $U$ und $V$. Das Flächenteilchen $dF$ habe in bezug auf $U$ und $V$ die Abstände $u$ und $v$ und von $D$ den Abstand $\varrho$. Man zieht zunächst durch $D$ einen beliebigen Kreis, der die Achsen $U$ und $V$ in den Punkten $A$ und $B$ schneidet. Das polare Trägheitsmoment der Fläche $F$ lautete dann $J_p = \int \varrho^2 dF$ und das Zentrifugalmoment $J_{uv} = \int u \cdot v \cdot dF$. Der Fahrstrahl von $D$ durch $dF$ schneidet den Kreis im Punkt $C$, die Winkel $BDC$ und $CDA$ seien $\beta$ und $\alpha$. Dann wird das Zentrifugalmoment mit $v = \varrho \cdot \sin\alpha$ und $u = \varrho \cdot \sin\beta$:

$$J_{uv} = \int \varrho^2 \sin\alpha \cdot \sin\beta \cdot dF\,.$$

Fällt man vom Punkt $C$ das Lot $h$ auf die Sehne $AB$, so ist $h = AC \cdot \sin\beta$ und $AC = EC \cdot \sin\alpha = 2 \cdot r \cdot \sin\alpha$, da $\sphericalangle\, AEC = \sphericalangle\, CDA = \alpha$ ist. Somit erhält man:

$$h = 2 \cdot r \cdot \sin\alpha \cdot \sin\beta.$$

Setzt man $\sin\alpha \cdot \sin\beta = \frac{h}{2 \cdot r}$ in die Gleichung für $J_{uv}$ ein, so ergibt sich:

$$J_{uv} = \int \frac{\varrho^2 \cdot dF}{2 \cdot r} \cdot h\,.$$

Mohr deutete diesen Ausdruck unter dem Integral als das statische Moment eines im Kreispunkt $C$ vereinigten Gewichtes $\left(\frac{\varrho^2 \cdot dF}{2 \cdot r}\right)$ bezogen auf die Sehne $AB$.

Zunächst wird angenommen, man habe mit dem Punkte $T$ den Schwerpunkt aller dieser Gewichte für sämtliche Punkte $dF$ der Fläche $F$ gefunden. Bezeichnet man seinen rechtwinkligen Abstand von der Sehne $AB$ mit $h_{uv}$, so ergibt sich:

$$J_{uv} = h_{uv} \int \varrho^2 \frac{1}{2 \cdot r} \cdot dF\,.$$

Da der Ausdruck $J_p = \int \varrho^2 \cdot dF$ das polare Trägheitsmoment bedeutet, wird

$$J_{uv} = h_{uv} \cdot \frac{J_p}{2 \cdot r}\,. \qquad (100a)$$

Die Gleichung gilt für jede beliebige Lage der Achsen $U$ und $V$. Sonderfälle treten ein, wenn die $U$-Achse mit der $V$-Achse zu-

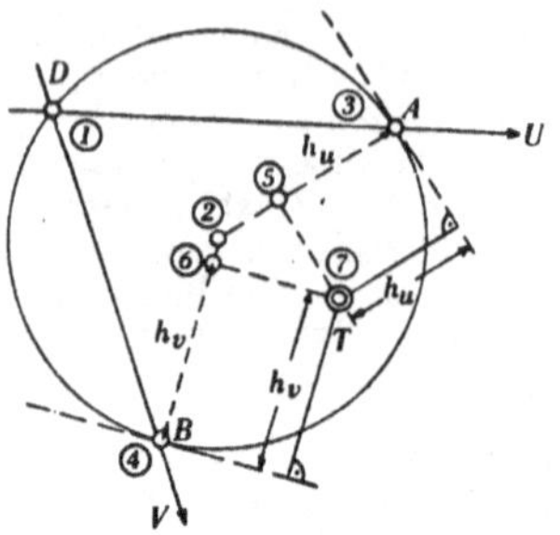

Bild 83a. Ermittlung des Trägheitsschwerpunktes.

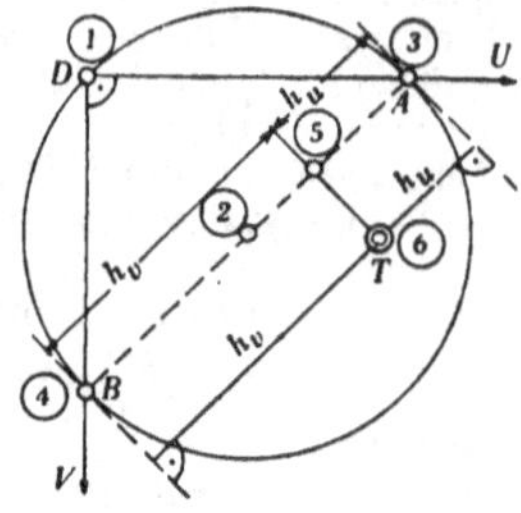

Bild 83b. Sonderfall rechtwinkliger Achsen $U$ und $V$.

sammenfällt (und umgekehrt). Dann wird die Sehne $AB$ zur Tangente in $A$ (oder $B$). Die Abstände $h$ und $h_{uv}$ sind dann auf diese zu beziehen, so daß $h_{uv}$ übergeht in $h_u$ (bzw. $h_v$) (Bild 82). Aus dem Zentrifugalmoment $J_{uv}$ wird dann das Trägheitsmoment $J_u$ (bzw. $J_v$). Somit ergibt sich:

(100b) $$J_u = h_u \cdot \frac{J_p}{2 \cdot r}, \quad J_v = h_v \cdot \frac{J_p}{2 \cdot r}.$$

Der Punkt $T$, der Trägheitsschwerpunkt genannt wird, ändert seine Lage in bezug auf den Kreis nicht, da sie nur von der Querschnittgestalt der Fläche $F$, der Lage des Kreismittelpunktes und dem Kreisdurchmesser abhängig ist.

**Bestimmung der Lage des Trägheitsschwerpunktes**

Die Aufgabe wird dann sehr vereinfacht, wenn für zwei zugeordnete Achsen $U$ und $V$ die Werte $J_u$, $J_v$ und $J_{uv}$ bekannt oder wie z. B. für Symmetrieachsen leicht zu berechnen sind. Wählt man außerdem den Durchmesser des Kreises zu $2 \cdot r = J_p$, so erhält man nach den Gl. (100a) und (100b)

(100c) $$J_u = h_u, \quad J_v = h_v, \quad J_{uv} = h_{uv}.$$

Man legt also durch den Punkt $D$ (Bild 83a) einen Kreis mit $r = \frac{1}{2} \cdot J_p$, trägt rechtwinklig zu den Tangenten in $A$ und $B$, also rechtwinklig auf den Halbmessern, die Lote $h_u$ und $h_v$ an und findet dann als Schnittpunkt $T$ den Trägheitsschwerpunkt.

Im Sonderfall rechtwinklig aufeinander stehender Achsen $U$ und $V$ erhält man eine weitere Vereinfachung. Die Sehne $AB$ geht dann durch den Kreismittelpunkt und $h_u$ und $h_v$ liegen parallel zu diesem Durchmesser $AB$ (Bild 83b).

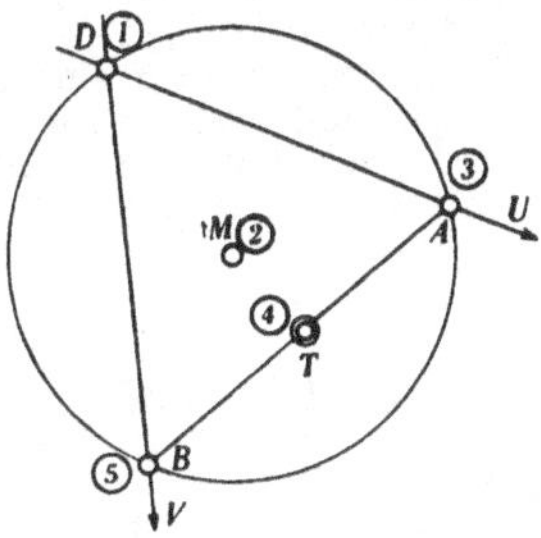


Bild 84a. Zugeordnete Achsen.

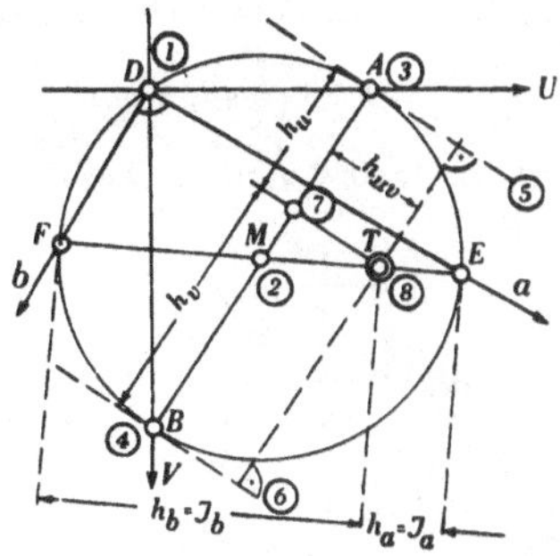


Bild 84b. Hauptträgheitsachsen.

Zugeordnete Achsen. Die zu einer gegebenen Achse $U$ zugeordnete Achse $V$ wird mittels des Trägheitskreises durch die Bedingung gefunden, daß für zugeordnete Achsen das Zentrifugalmoment Null ist. Ist in Bild 84a der Trägheitsschwerpunkt $T$ bekannt und schneidet die gegebene Achse $U$ den Trägheitskreis in $A$, so ist die Sehne, die den Schnittpunkt der gesuchten Achse $V$ mit dem Kreis liefert, durch $AT$ bestimmt, da $h_{uv} = 0$ ist.

e) Hauptträgheitsachsen. Die Hauptträgheitsachsen und die Hauptträgheitsmomente findet man mittels des Trägheitskreises indem man von einem beliebigen rechtwinkligen Achsenkreuz $U$, $V$ ausgeht, für das die Werte $J_u$, $J_v$ und $J_{uv}$ ermittelt worden sind. Man legt den Trägheitskreis durch $D$ mit dem Halbmesser $r = \frac{1}{2} J_p = \frac{1}{2}(J_u + J_v)$. Seine Schnittpunkte mit den Achsen sind wieder $A$ und $B$ (Bild 84b). $AB$ ist in diesem Falle ein Kreisdurchmesser. Trägt man $h_u = J_u$ und $h_v = J_v$ auf dem Durchmesser $AB$ auf und $h_{uv} = J_{uv}$ rechtwinklig zu $AB$ in demselben Maßstab wie $r$, so ergibt sich der Trägheitsschwerpunkt $T$. Man zieht nun den Durchmesser $TM$ und erhält als seine Schnittpunkte mit dem Kreis die Punkte $C$ und $D$, deren Verbindungslinie mit $O$ die gesuchten Hauptachsen $a$ und $b$ sind. Die Hauptträgheitsmomente betragen

$$J_a = \overline{ET} \text{ und } J_b = \overline{TF}.$$

Man erkennt an dieser Darstellung, daß es unendlich viele recht winklige Achsenkreuze $U$, $V$ gibt, bei denen das Zentrifugalmoment $J_{uv} = h_{uv}$ einen bestimmten Wert annimmt, es aber nur ein rechtwinkliges Achsenkreuz gibt, die sog. Hauptachsen, für die $h_{uv} = 0$ wird.

f) Trägheitsfestpunkte. Die Trägheitsfestpunkte sind die Punkte $F_1$ und $F_2$ auf der großen Schwerpunktshauptachse $A$ mit dem Abstand $r$ vom Schwerpunkt $S$ (Bild 85). Der Wert $r$ wird bestimmt aus:

$$r^2 \cdot F = J_a - J_b$$

zu

$$r = \sqrt{\frac{J_a - J_b}{F}}.$$

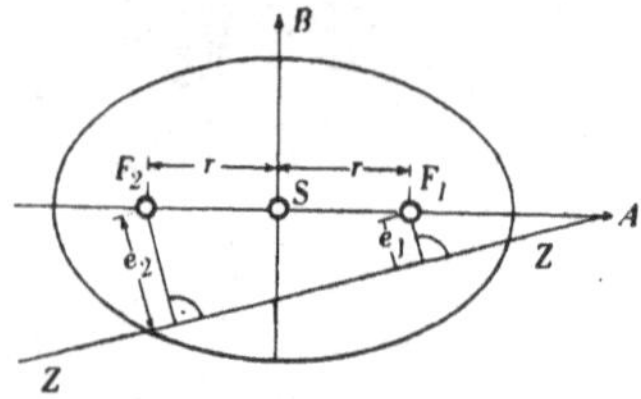


Bild 85. Trägheitsfestpunkte.

Für alle Achsen durch die Trägheitsfestpunkte ist das Trägheitsmoment $J = J_a$. Für eine beliebige andere Achse $Z - Z$ berechnet sich das Trägheitsmoment zu

$$J_z = J_a + F \cdot e_1 \cdot e_2, \tag{101}$$

worin $e_1$ und $e_2$ die senkrecht auf $Z$—$Z$ stehenden Abstände der Punkte $F_1$ und $F_2$ von dieser Achse sind. Liegt im Sonderfall $Z$—$Z$ parallel $A$—$A$, so geht Gl. (101) mit $e_1 = e_2 = a$ in Gl. (92) über.

g) Widerstandsmomente. In diesem Zusammenhang sei nochmals das Widerstandsmoment einer Querschnittsfläche erwähnt, welches schon in Abschnitt IV, 1 verwendet wurde. Das Widerstandsmoment $W$ eines Querschnittes in bezug auf eine Achse ist gleich dem Trägheitsmoment $J$ dividiert durch den Abstand des von der Achse am weitesten entfernten Randpunktes $y_{max}$, also

$$W = \frac{J}{y_{max}}. \tag{102}$$

## 2. Biegung und Normalkraft

### A. Die allgemeine Spannungsverteilung

a) Die drei Grundbeziehungen. Auf einen prismatischen Körper (Bild 86a) wirkt im Angriffspunkt $A$ der waagerechten Fuge $CD$ die äußere Kraft $P$. Gesucht ist die Spannungsverteilung in der Ebene $CD$. Das Gewicht des Körpers wird dabei wegen seiner Kleinheit im Verhältnis zur äußeren Kraft $P$ vernachlässigt. Dieser äußeren Kraft $P$ halten die Gegenkräfte $\Sigma\, \sigma \cdot dF$ das Gleichgewicht.

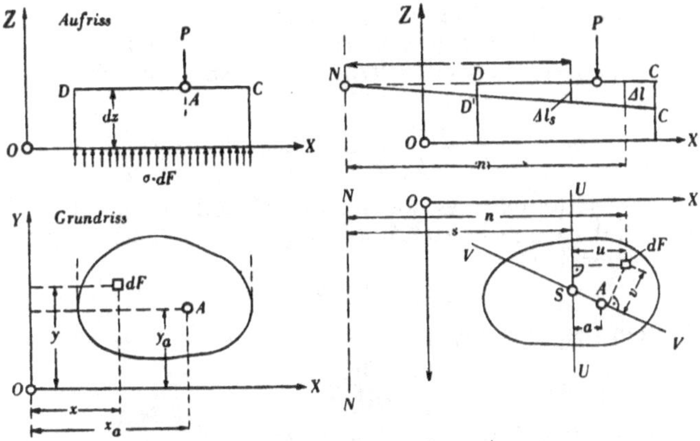


Bild 86a und b. Außermittiger Kraftangriff.

Die drei Gleichgewichtsbedingungen sind:
1. Projektionsgleichung auf die Waagerechte:

$$P = \int \sigma \cdot dF . \tag{103a}$$

2. Momentengleichung um die $Y$-Achse:

$$P \cdot x_a = \int x \cdot \sigma \cdot dF . \tag{103b}$$

3. Momentengleichung um die $X$-Achse:

$$P \cdot y_a = \int y \cdot \sigma \cdot dF . \tag{103c}$$

Da die Lösung wegen der unendlich vielen unbekannten $\sigma$-Größen statisch unbestimmt ist, muß auf Grund von Versuchen das Verteilungsgesetz der Spannungen als bekannt vorausgesetzt werden (und zwar zunächst, daß die Ebene $CD$ auch nach der Formänderung als $C'D'$ eine Ebene bleibt, Bild 86b). Die Schnittlinie der beiden Ebenen $CD$ und $C'D'$ ist dann die sog. Nullinie (weil sie keine Formänderungen erleidet). Bezeichnet $P$ die äußere Kraft, $A$ ihren Angriffspunkt, $S$ den Schwerpunkt der Fläche, $NN$ die Nullinie, $V$ die durch $A$ und $S$ bestimmte Schwerachse, $s$ den parallelen Abstand der Schwerlinie $UU$ von der Nullinie, $a$ den rechtwinkligen Abstand des Punktes $A$ von der Achse $UU$, $u$ den Abstand des Flächenteilchens $dF$ von der Nullinie und endlich $E$ das Elastizitätsmaß, so ist ferner nach dem Hookeschen Gesetz (s. Kap. II, 5):

$$\sigma = \varepsilon \cdot E = \frac{\Delta l}{l} \cdot E = \Delta l \frac{E}{l} = \Delta l \cdot \text{const.}$$

Weiter ist (gemäß der Navierschen Hypothese vom Ebenbleiben der Querschnitte) $\Delta l$ dem Abstand $n$ von der Nullinie proportional, also

$$\Delta l : \Delta l_s = n : s .$$

Ist nun die Spannung in der Schwerpunktsfaser $\sigma_s$, so gilt:

$$\frac{\sigma}{\sigma_s} = \frac{\Delta l}{\Delta l_s} = \frac{n}{s} .$$

Da nach (Bild 86b) $n = s + u$ ist, so folgt:

$$(104) \qquad \sigma = \sigma_s \cdot \frac{n}{s} = \sigma_s \cdot \frac{s+u}{s} = \sigma_s \left(1 + \frac{u}{s}\right).$$

Setzt man diesen Wert der Spannung in die Gleichgewichtsbedingungen Gl. (103a) bis (103c) ein, so erhält man zunächst nach Gl. (103a):

$$P = \int \sigma \cdot dF = \int \sigma_s \left(1 + \frac{u}{s}\right) dF = \sigma_s \int dF + \frac{\sigma_s}{s} \int u \cdot dF .$$

Da das Integral $\int u \cdot dF$ als das statische Moment der Fläche auf seine Schwerachse $U$ gleich Null ist, ergibt sich:

$$P = \sigma_s \cdot F$$

und damit die Spannung in der Schwerachse:

$$(105) \qquad \sigma_s = \frac{P}{F} .$$

Die Spannung in der Schwerachse ist somit unabhängig von der Lage des Angriffspunktes $A$ der Kraft $P$.

Die Momentengleichung um die Achse $U$ lautet gemäß Gl. (103b u. 104):

$$P \cdot a = \int u \cdot \sigma \cdot dF = \int u \cdot \sigma_s \left(1 + \frac{u}{s}\right) dF$$

$$= \sigma_s \int u \cdot dF + \frac{\sigma_s}{s} \int u^2 \cdot dF .$$

Da $\int u^2 \cdot dF = J_u$ das Trägheitsmoment der Fläche $F$ bezogen auf die $U$-Achse ist, ergibt sich:

(105) $P \cdot a = \frac{\sigma_s}{s} \cdot J_u$ und nach Gl. (105)

$$P \cdot a = \frac{P}{F} \cdot \frac{J_u}{s} = \frac{P}{F \cdot s} \cdot F \cdot i_u^2 = \frac{P \cdot i_u^2}{s},$$

worin $i_u$ der Trägheitshalbmesser (s. Kap. VI, 1c) der Fläche bedeutet. Daraus folgt:

(106) $$a \cdot s = i_u.$$

Der Abstand $a$ des Angriffspunktes der Kraft $P$ von der Schwerachse $U$, multipliziert mit dem Abstand der Nullinie von derselben Achse, ist gleich dem Quadrat des Trägheitshalbmessers für dieselbe Achse. (Satz von der mittleren Proportionalen.)

Schließlich lautet die Momentengleichung für die $V$-Achse

$$P \cdot Q + \int \sigma \cdot dF \cdot v = 0$$

und nach Gl. (104)

$$\int \sigma_s \left(1 + \frac{u}{s}\right) \cdot v \cdot dF = 0$$

oder $\sigma_s \int v \cdot dF + \frac{\sigma_s}{s} \int u \cdot v \cdot dF = 0 .$

Da auch hier $\int v \cdot dF$ als statisches Moment um die Schwerachse $V$ gleich Null ist, wird:

(107) $$\int u \cdot v \cdot dF = 0 .$$

Das Zentrifugalmoment der Fläche in bezug auf die beiden Achsen $U$ und $V$ ist somit gleich Null. Die Achsen $U$ und $V$ sind also zugeordnete (konjugierte) Schwerachsen.

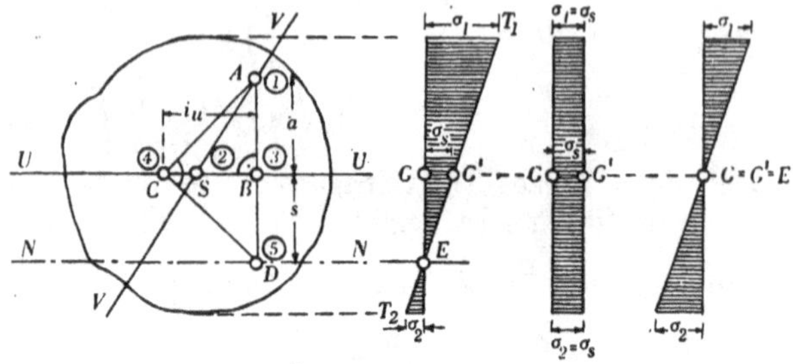


Bild 87a bis c. Ermittlung der Spannungsverteilung.

b) Ermittlung der Nullinie und der Spannungsverteilung. Mit den drei abgeleiteten Grundbeziehungen (Gl. 105 bis 107) kann für eine Kraft $P$ im Punkt $A$ angreifend die Spannungsverteilung $\sigma$ einer Fläche ermittelt werden. Gegeben sind also Fläche $F$, Kraft $P$ und ihr Angriffspunkt $A$. Gesucht sind die Nullinie und die Spannungsverteilung. Verfahren: Zunächst ermittelt man den Schwerpunkt $S$ der Fläche und erhält mit $AS$ die Achse $V$. Mit Hilfe des Mohrschen Trägheitskreises bestimmt man die zu $V$ konjugierte Achse $U$, so daß das Zentrifugalmoment $J_{uv}$, auf diese beiden Achsen bezogen, Null wird (Gl. 107). Die Nullinie $NN$ muß dann parallel zu dieser zugeordneten Achse $U$ laufen. Ihre Entfernung $s$ von der Achse $U$ wird mittels des Satzes von der mittleren Proportionalen (Gl. 106) bestimmt, also zu $s = \frac{i_u^2}{a}$, wobei $i_u^2 = \frac{J_u}{F}$ und $a$ der rechtwinklige Abstand des Punktes $A$ von der Achse $U$ ist. Mit den Strecken $AB = a$ und $BC = i_u = \sqrt{\frac{J_u}{F}}$ wird die Konstruktion der mittleren Proportionalen durchgeführt (Bild 87a). Damit erhält man als $BD = s$ die Entfernung der Nullinie.

Die Spannungsverteilung wird rechtwinklig zur Nullinie auf eine Achse aufgetragen (Querprofil des Spannungshügels). Sie wird als Gerade durch 2 Punkte bestimmt, deren einer der

Nullpunkt $E$ der Spannungsverteilung auf der Nullinie ist, während der andere $G'$ durch Gl. (105) $\sigma_s = \frac{P}{F}$ als Spannung in der Schwerachse gegeben ist. Durch die Linie $T_1G'ET_2$ ist somit die Spannungsverteilung bestimmt.

c) Sonderfälle. Wird der Abstand $a = 0$ (d. h. der Angriffspunkt der Kraft $P$ liegt im Schwerpunkt $S$), so folgt aus $s = \frac{i_u^2}{0} = \infty$, daß Punkt $E$ im Unendlichen liegt, d. h. $G'E$ ist parallel $GE$. Das ist der Sonderfall des reinen Druckes oder Zuges (Bild 87b). Nach Gl. (105) ist wieder $\sigma_s = \frac{P}{F}$ im Schwerpunkt und infolge der parallelen Begrenzung der Spannungsverteilung

$$\sigma_s = \sigma = \sigma_1 = \sigma_2 .$$

Ein zweiter Sonderfall entsteht, wenn die Kraft $P = 0$ und $a = \infty$ wird, wenn also am Querschnitt ein Kräftepaar angreift. Nach Gl. (106) ergibt sich dann:

$$s = \frac{i_u^2}{a} = \frac{i_u^2}{\infty} = 0 .$$

Die Nullinie fällt mit der $U$-Achse zusammen. Greift an Stelle einer einzelnen Kraft $P$ ein Kräftepaar an, so geht die Nulllinie durch den Schwerpunkt (Sonderfall reiner Biegung). Da nach Gl. (106) $s = \frac{i_u^2}{a} = \frac{i_u^2}{\infty} = 0$ ist, fällt $G$ mit $G'$ und weil $NN$ in $UU$ übergeht, $E$ mit $G$ zusammen. Dann erhält man die bekannte Spannungsverteilung nach Navier (Bild 87c).

d) Die Verbindung beider Sonderfälle ergibt den Belastungsfall Biegung mit Längskraft. In Bild 88 wirke die Kraft $P$ in $A$. Bringt man zwei gleich große, aber entgegengesetzte Kräfte $P$ im Schwerpunkt $S$ parallel zu $P$ an, so ändert sich am Gleichgewichtszustand nichts. Faßt man die beiden entgegengesetzten Kräfte $P$ im Abstand $e$ zusammen, so ergeben sie das Biegemoment $M = P \cdot e$. Übrig bleibt dann

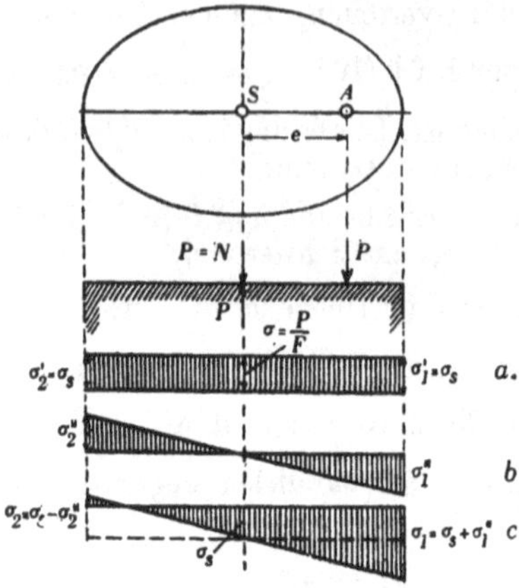

Bild 88. Entwicklung der Spannungsverteilung bei Biegung mit Längskraft.

von den äußeren Kräften noch eine Kraft $P = N$, die im Schwerpunkt angreift und eine auf den Querschnitt wirkende Längskraft ist. Sie ruft die Spannungen $\sigma_s = \frac{P}{F} = \sigma_1' = \sigma_2'$ hervor (Bild 88a), während das Moment die Spannungen $\sigma_1'' = \frac{M}{W_1} = \frac{M}{J} \cdot y_1$ und $\sigma_2'' = \frac{M}{J} \cdot y_2$ erzeugt (Bild 88b). Aus diesen beiden Einzeldiagrammen wird die gesamte Spannungsverteilung des Falles Biegung mit Längskraft zusammengesetzt (superponiert). Dann wird $\sigma_1 = \sigma_s + \sigma''$ und $\sigma_2 = \sigma_s - \sigma_2''$ (Bild 88c). Allgemein lautet somit die Gleichung für die Spannung bei Biegung mit Längskraft:

$$\sigma = \frac{P}{F} \pm \frac{M}{W}. \tag{108}$$

In dieser Gleichung ist für den Anteil der Normalkraft $\left(\frac{P}{F}\right)$ das Vorzeichen je nach Zug (+) oder Druck (—) einzusetzen.

e) Allgemeiner analytischer Ausdruck für die Spannung. Legt man durch den Schwerpunkt $S$ eines beliebig geformten Querschnittes ein Achsenkreuz so, daß die $Y$-Achse in die Kraftebene und die $Z$-Achse in die Stabachse fällt, so lautet die allgemeine Gleichung einer Spannungsebene, für welche $s - s$ (Bild 89) eine Spannungslinie ist,

$$\sigma = A + B \cdot x + C \cdot y. \tag{109}$$

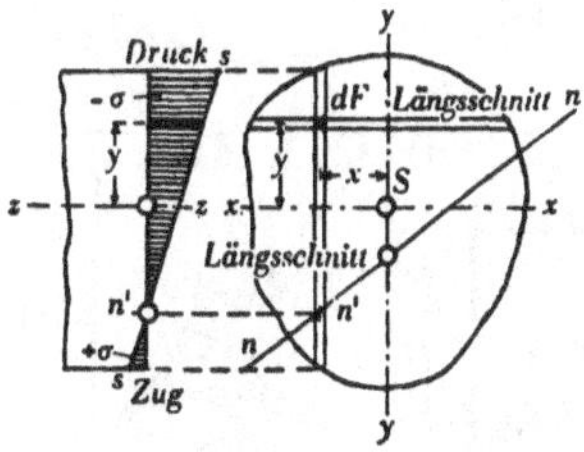


Bild 89. Allgemeinste Spannungsverteilung.

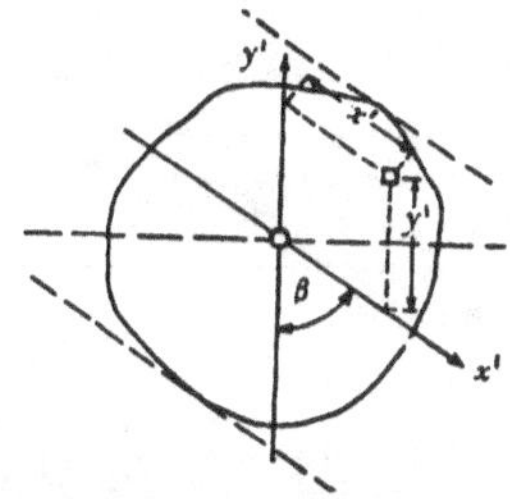


Bild 90. Biegung mit Längskraft bei schiefwinkligen Koordinaten.

Darin ist $\sigma$ die Spannung in einem beliebigen Punkte $dF$ mit den Koordinaten $x$ und $y$. Werden die unveränderlichen Größen $A$, $B$, $C$ aus den drei Gleichgewichtsbedingungen ermittelt und durch die äußeren Kräfte $P$ und $M$ und die Trägheits- und Zentrifugalmomente ausgedrückt, so lautet der allgemeine Ausdruck für die Spannung[34]):

$$\sigma = \frac{P}{F} \pm \frac{M(J_y \cdot y - J_{xy} \cdot x)}{J_x \cdot J_y - J_{xy}^2}. \tag{110}$$

Sind die $X$- und $Y$-Achsen Hauptachsen, so wird das Zentrifugalmoment $J_{xy} = 0$ und die Gl. (110) geht in die bekannte Gl. (108) über:

$$\sigma = \frac{P}{F} \pm \frac{M \cdot y}{J_x} = \frac{P}{F} \pm \frac{M}{W}.$$

Für zugeordnete Achsen (schiefwinklige Koordinaten $x'$, $y'$) (Bild 90) ist ebenfalls $J'_{xy} = 0$ und damit

$$\sigma = \frac{P}{F} \pm \frac{M \cdot y'}{J'_x},$$

wobei $J'_{xy}$ das auf das schiefwinklige Koordinatensystem bezogene Zentrifugalmoment ist. Der Winkel $\beta$ zwischen den zugeordneten Achsen muß der Bedingung entsprechen

$$\tan \beta = \frac{J_y}{J_{xy}}.$$

[34]) s. Mehrtens, Schrifttum Nr. 13.

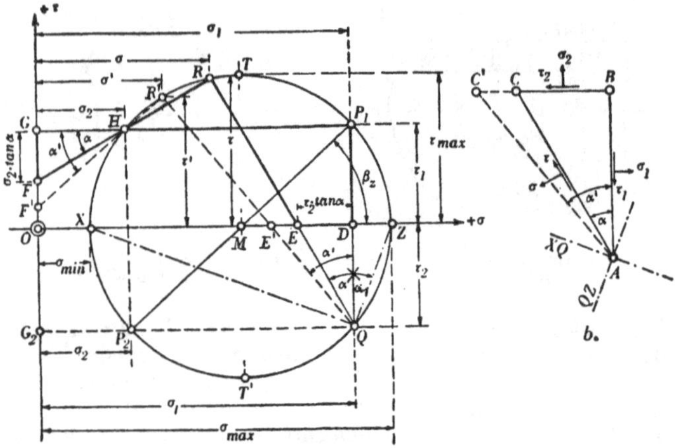

a. b.

Bild 91a und b. Ermittlung der Spannungen in Schrägschnitten mittels des Mohrschen Spannungskreises.

Bezeichnet $\alpha_0$ den Winkel, den eine Hauptachse mit der $X$-Achse einschließt, für welche die Werte $J_x$, $J_y$ und $J_{xy}$ berechnet worden sind, so ist der Winkel zwischen diesem Achsenkreuz und den Hauptachsen bestimmt durch

$$\tan 2\alpha_0 = \frac{2 \cdot J_{xy}}{J_y - J_x} \quad \text{(s. Kap. VI, 1b).}$$

Ferner sind die Hauptträgheitsmomente

$$(111) \quad \begin{cases} J_a = J_x \cdot \cos^2\alpha_0 + J_y \cdot \sin^2\alpha_0 - J_{xy} \sin 2\alpha_0 \\ J_b = J_x + J_y - J_a \\ J_{ab} = 0\,. \end{cases}$$

B. Die Hauptspannungen und Hauptrichtungen

Der Spannungskreis nach Mohr in Beziehung zum Prisma und die gefährlichste Lage von Schrägschnitten.

a) Allgemeine Spannungsermittlung. Die Seitenlängen des Prismas $ABC$ von der Tiefe 1 (Bild 91) seien

$AB = 1$, $BC = 1 \cdot \tan\alpha$ und $AC = \dfrac{1}{\cos\alpha}$. Gegeben seien die Spannungen $\sigma_1$, $\tau_1$ und $\sigma_2$, $\tau_2$ der rechtwinklig zueinander stehenden Flächen $AB$ und $BC$. Gesucht sind die Spannungen $\sigma$ und $\tau$ der unter dem Winkel $\alpha$ zu $AB$ geneigten Schrägfläche.

Die gegebenen Kräfte sind also (bei der Tiefe 1 des Prismas) $\tau_1 \cdot 1$, $\sigma_1 \cdot 1$, $\sigma_2 \cdot 1$, $\tau_2 \cdot \tan\alpha = -\tau_1 \cdot \tan\alpha$, weil zwischen rechtwinkligen Flächen $\tau_1 = -\tau_2$ gilt. Das positive Vorzeichen gilt für Zug- und Schubspannungen, die im Uhrzeigersinn drehen, das negative für die umgekehrte Richtung. Die gesuchten Kräfte sind $\dfrac{\sigma}{\cos\alpha}$ und $\dfrac{\tau}{\cos\alpha}$. Da diese 6 Kräfte im Gleichgewicht stehen müssen, bilden sie ein geschlossenes Krafteck. Als Kräfteplan (stark ausgezogener Linienzug in Bild 91a) trägt man parallel zu den gegebenen Kraftrichtungen $FG = \sigma_2 \cdot \tan\alpha$, $GP_1 = \sigma_1$, $P_1D = \tau_1$ und $DE = \tau_2 \cdot \tan\alpha$ auf. Dann zieht man durch die Punkte $F$ und $E$ zwei Parallele zu den gesuchten Kräften, deren Richtung bekannt sind und erhält $FR$ und $ER$, die den Winkel $FRE = 90^0$ einschließen. Der gesuchte Kräfteplan ist dann $FGP_1DER$.

Wiederholt man das Verfahren mit einem Winkel $\alpha'$, so sieht man, daß die Punkte $G$, $P_1$ und $D$ unverändert bleiben, da die Strecke $AB$, also auch $\sigma_1$ und $\tau_1$ unverändert geblieben sind. Die Punkte $F, R, E$ rücken nach $F', R', E'$. Da aber $\sphericalangle\, GHF = \sphericalangle\, P_1QE$ ist, wird $GH = \dfrac{F \cdot G}{\tan\alpha} = \dfrac{\sigma_2 \cdot \tan\alpha}{\tan\alpha} = \sigma_2$ $=$ konstant und $DQ = \dfrac{E \cdot D}{\tan\alpha} = \dfrac{\tau_2 \cdot \tan\alpha}{\tan\alpha} = \tau_2 =$ konstant, womit auch die Punkte $H$ und $Q$ Festpunkte sind. Der geometrische Ort des Punktes $R$ bzw. $R'$, also des Scheitels eines rechten Winkels, dessen Schenkel durch zwei Festpunkte $H$ und $Q$ gehen, ist demnach ein Kreis.

Ergebnis: Trägt man unbekümmert um die wirklichen Richtungen alle Normalspannungen $\sigma$ als waagerechte, alle Schubspannungen $\tau$ als lotrechte Koordinaten eines rechtwinkligen Systems auf, so ist der **geometrische Ort aller zu ein und demselben Spannungszustand** (Bild 91a) **gehörenden Punkte** $(\sigma_1, \tau_1), (\sigma_2, \tau_2), (\sigma, \tau)$ **ein Kreis**, dessen Mittelpunkt auf der $\sigma$-Achse liegt. $HQ$ und $P_1 P_2$ sind Kreisdurchmesser. Der Kreis ist durch die zwei Punkte $P_1$ und $P_2$ bestimmt, also durch die gegebenen Spannungen $\sigma_1$, $\tau_1$ und $\sigma_2$, $\tau_2$, wobei infolge paarweisen Auftretens der Schubspannungen $\tau_1 = -\tau_2$ ist. Zieht man, nach dem der Kreis durch die bekannten Spannungen bestimmt worden ist, durch $Q$ (dem sog. Pol) unter dem Winkel $\alpha$ den Strahl $QR$ parallel $AC$ (Bild 91a), so sind die Koordinaten von $R$ die gesuchten Spannungen $\sigma$ und $\tau$.

b) **Die Hauptspannungen.** Mittels dieses Spannungskreises kann man die Hauptspannungen, d. h. die Größt- und Kleinstwerte der Normalspannungen $\sigma$ erhalten, wenn man $R$ einmal nach $Z$, sodann nach $X$ wandern läßt, ebenso die Schubspannungen, wenn $R$ nach $T$ und $T'$ kommt. Da der Kreishalbmesser sich aus Dreieck $MDP_1$ zu

$$MP_1 = \sqrt{\overline{MD}^2 + \overline{DP}_1^2} = \sqrt{\left(\frac{\sigma_1 - \sigma_2}{2}\right)^2 + \tau_1^2}$$

ergibt und $OM = \frac{OZ + OX}{2} = \frac{\sigma_1 + \sigma_2}{2}$ ist, sind die Werte der Hauptspannungen ohne weiteres abzulesen als:

$$(112)\quad \begin{cases} \sigma_{\min} = \sigma_x = OX = OM - XM \\ \qquad = \frac{\sigma_1 + \sigma_2}{2} - \sqrt{\left(\frac{\sigma_1 - \sigma_2}{2}\right)^2 + \tau_1^2} \\ \sigma_{\max} = \sigma_z = OZ = OM - MZ \\ \qquad = \frac{\sigma_1 + \sigma_2}{2} + \sqrt{\left(\frac{\sigma_1 - \sigma_2}{2}\right)^2 + \tau_1^2} \\ \tau_{\max} = -\tau_{\min} = MT = -MT' = MP_1 \\ \qquad = +\sqrt{\left(\frac{\sigma_1 - \sigma_2}{2}\right)^2 + \tau_1^2} \end{cases}$$

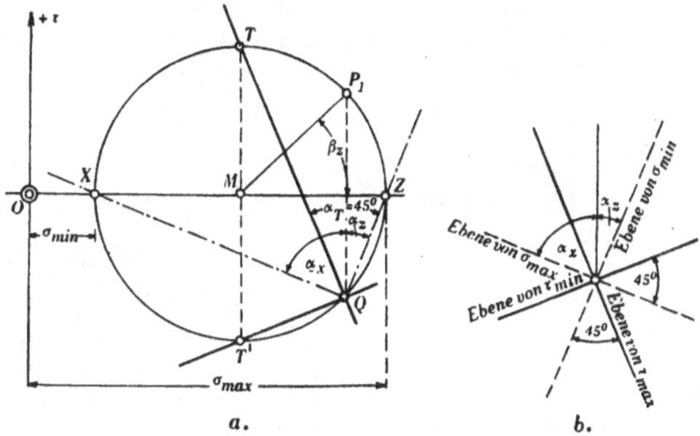


Bild 92a und b. Hauptspannungen und Hauptrichtungen im Spannungskreis nach Mohr.

Die zu den Größt- und Kleinstwerten von $\sigma$ gehörigen Ebenen findet man durch die Hauptrichtungen $QX$ und $QZ$. Auf diesen Ebenen stehen $\sigma_x$ und $\sigma_z$ als Normalspannungen senkrecht. Gemäß Bild 92a ist als Zentriwinkel eines Peripheriewinkels über den gleichen Bogen

$$(113) \qquad \beta_z = \sphericalangle ZMP_1 = 2 \cdot \sphericalangle ZQP_1 = 2 \cdot \alpha_z .$$

In der Mohrschen Darstellung erscheint somit immer als Zentriwinkel des Fahrstrahles $MP_1$ der doppelte Wert des Neigungswinkels $\alpha$.

Die Neigung der Hauptrichtungen $\sphericalangle DQZ = \alpha_z$ ergibt sich somit aus den beiden Winkeln über dem Bogen $P_1Z$:

$$(114) \qquad \tan \beta_z = \tan 2\alpha_z = \frac{DP_1}{MD} = \frac{2 \cdot \tau_1}{\sigma_1 - \sigma_2} .$$

Bild 92 zeigt, daß es immer zwei um 90° gegeneinander verdrehte Schrägschnitte (unter $\sphericalangle \alpha_z$ bzw. $\alpha_x$) gibt, die die Bedingungen der Gleichung (114) erfüllen.

Wie für die Normalspannungen kann man auch für die Schubspannungen die Ebenen finden, in denen $\tau_{max}$ bzw. $\tau_{min}$ wirken. Ihre Lage ist gegeben durch $QT$ und $QT'$. Da

Winkel $TMZ$ gleich $90^0$ ist, ergibt sich der Neigungswinkel $\alpha_T$ von $QT$ gegen die Hauptrichtung $QZ$ als Peripheriewinkel über demselben Bogen zu:

$$(115)\quad \begin{cases} \alpha_T = \sphericalangle ZQT = \frac{1}{2} \sphericalangle ZMT = 45^0; \\ \text{und ferner ist} \\ \alpha_{T'} = \sphericalangle ZQT' = \alpha_T + 90^0 = 135^0. \end{cases}$$

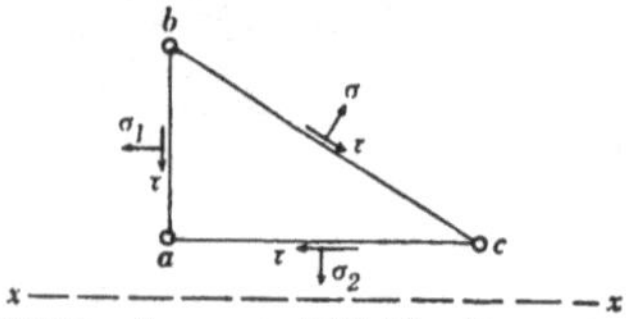

Bild 93. Spannungsbild für die vereinfachten Hauptspannungen.

Ist der Einfluß der Normalspannung in der Fläche $a$—$c$ (Bild 93) klein, so daß er vernachlässigt werden kann, so gehen mit $\sigma_1 = \sigma$ und $\sigma_2 = 0$ die Gleichungen (112) über in:

$$(116)\quad \begin{cases} \sigma_{max} = \frac{\sigma}{2} + \frac{1}{2}\sqrt{\sigma^2 + 4 \cdot \tau^2} \\ \sigma_{min} = \frac{\sigma}{2} - \frac{1}{2}\sqrt{\sigma^2 + 4 \cdot \tau^2} \\ \left.\begin{matrix}\tau_{max} \\ \tau_{min}\end{matrix}\right\} = \pm \frac{1}{2}\sqrt{\sigma^2 + 4 \cdot \tau^2}. \end{cases}$$

## C. Der Spannungskreis nach Mohr in Beziehung zur Elementarkugel

Treten in einem Punkte mit den Spannungen $\sigma$ und $\tau$ paarweise Gleitflächen auf, so empfiehlt sich die Darstellungsweise mit der Elementarkugel[35]). In Bild 94a mögen in den Gleitflächen in den Punkten $P_1$ und $P_1'$ die Spannungen $\sigma_1 = \sigma'_1$ und $\tau = -\tau'_1$ wirken. Dann ergeben der Halbmesservektor und die rechtwinklig zu ihm stehende Tangente an den Elementarkreis in $P$ die eine der beiden Gleitflächenrichtung, nämlich $g_1 g'_1$. Die Hauptrichtungen $PX$ und $PZ$ halbieren stets den Winkel zwischen den Gleitflächen. Die Gleitflächen der Hauptrichtungen $QX$ und $QZ$ stehen immer

[35]) s. O. Mohr, Schrifttum Nr. 14, S. 194.

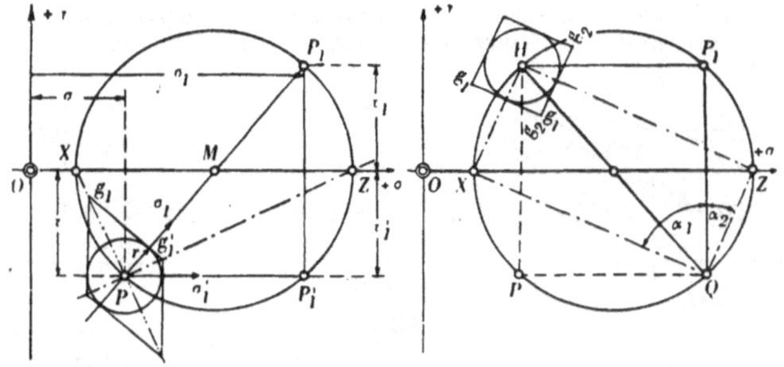

Bild 94a und b. Spannungskreis nach Mohr und die Elementarkugel.

rechtwinklig aufeinander (Bild 94b). Dabei ist in dieser Darstellungsweise der Punkt $H$ als Pol zu wählen, also der Gegenpunkt zu $Q$.

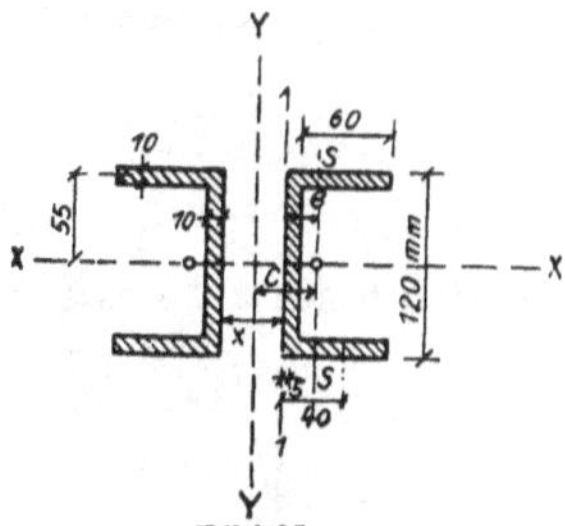

Bild 95.

13. Beispiel. Für zwei zusammenwirkende $U$-Querschnitte (Bild 95) soll der Abstand $x$ so bestimmt werden, daß $J_x = J_y$ wird.

Zur Berechnung von $J_x$ werden die $U$-Querschnitte in Rechtecke zerlegt, für die nach Gl. (92) die Trägheitsmomente gefunden werden.

$J_x = 2\,(J_0 + F \cdot a^2)$

| Teilstücke | $F$ cm² | $J_0 + F \cdot a^2 =$ |
|---|---|---|
| $2 \cdot 120/10$ | 24 | $\frac{2 \cdot 1 \cdot 12^3}{12} + 0 \quad = 288$ |
| $4 \cdot 60/10$ | 24 | $\frac{4 \cdot 6 \cdot 1^3}{12} + 24 \cdot 5{,}5^2 = 728$ |
| | | $1016\ \text{cm}^4 = J_x$ |

Unter der gegebenen Bedingung wird

$$J_y = 2(J_s + F \cdot c^2) = J_x,$$

worin $J_s$ das Trägheitsmoment auf die der $Y$-Achse parallele Achse $s$—$s$ bedeutet. Der Schwerpunktsabstand $e$ und $J_s$ berechnet sich aus:

| Teilstück | Abstand von Achse 1—1 | $F$ cm² | $J_0 + F \cdot c^2 =$ | $F.m$ |
|---|---|---|---|---|
| 120/10 | 0,5 | 12 | $\frac{12 \cdot 1^3}{12} + 12\,(2{,}25 - 0{,}5) \;=\; 38$ | 6 |
| $1 \cdot 60/10$ | 4,0 | 12 | $\frac{1 \cdot 2 \cdot 6^3}{12} + 12\,(4 - 2{,}25) \;=\; 73$ | 48 |
| | | | $Js = \underline{111}$ | 54 |

Der Schwerpunktsabstand ergibt sich aus

$$e = \frac{\Sigma F \cdot m}{F} = \frac{54}{24} = 2{,}25 \text{ cm}.$$

Aus

$$J_y = 2(J_s + F \cdot c^2) = J_x$$

berechnet sich der Abstand $c$ zu:

$$c = \sqrt{\frac{\frac{J_x}{2} - J_s}{F}} = \sqrt{\frac{\frac{1016}{2} - 111}{24}} = 4{,}07 \text{ cm}$$

und der gesuchte Abstand $x$ beträgt

$$x = 2(c - e) = 2(4{,}07 - 2{,}25) = \underline{3{,}64 \text{ cm.}}$$

14. Beispiel. Für eine stählerne Dachpfette (Bild 96) sind die Grenzwerte der Spannungen zu berechnen. Die Dachneigung beträgt 1 : 3,5 ( 15° 17′), der Binderabstand 4,80 m und der Pfettenabstand 2,00 m. Die Dachlasten sind: Eigengewicht 28 kg/m² Grundriß, Schneelast 72 kg/m² Grundriß und Windlast 55 kg/m² rechtwinklig zur Dachschräge.

Für die Berechnung der Hauptachsen diene das Achsenkreuz $XY$ (Bild 96a):

$$J_x = \frac{1}{12}(8{,}5 \cdot 14^3 - 6{,}6 \cdot 12{,}2^3 - 0{,}9 \cdot 4)$$

$$- \frac{1}{10}(1{,}9 \cdot 10{,}2^3 - 1{,}9 \cdot 7^3) = 940 - 114 = \underline{826 \text{ cm}^4}.$$

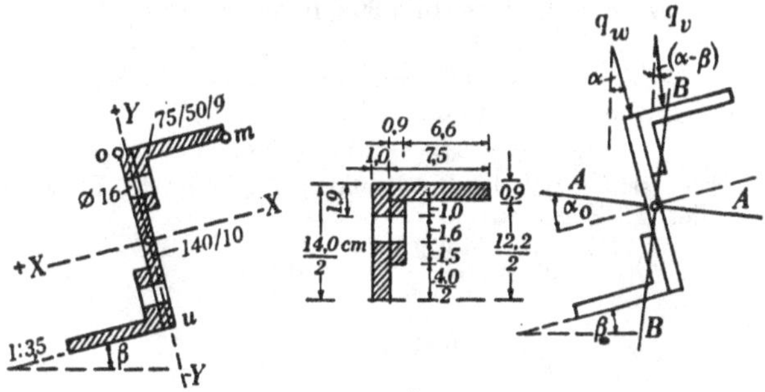


Bild 96a bis c.

$$J_y = \frac{1}{12}(0{,}9 \cdot 16^3 + 4{,}1 \cdot 2{,}8^3 + 9 \cdot 1^3)$$

$$-\frac{2 \cdot 16}{3}(1{,}4^3 + 0{,}5^3) = 315 - 3 = \underline{\underline{312 \text{ cm}^4}}.$$

$$J_{xy} = \Sigma f \cdot x \cdot y = 2(-0{,}9 \cdot 6{,}6 \cdot 6{,}55 \cdot 4{,}7 - 5{,}0 \cdot 0{,}9 \cdot 4{,}5 \cdot 0{,}95$$

$$- 7{,}0 \cdot 1{,}0 \cdot 3{,}5 \cdot 0) - 2(-1{,}6 \cdot 1{,}9 \cdot 4{,}3 \cdot 0{,}48)$$

$$= -404 + 13 = -\underline{\underline{391 \text{ cm}^4}}.$$

Dabei ist $J_{xy}$ für das Stegblech $o - u$ Null.

Die Lage der Hauptachsen $A$ und $B$ ist für den unverschwächten Querschnitt zu bestimmen und findet sich nach Gl. (96) für den Winkel:

$$\tan 2\alpha_0 = \frac{2 \cdot J_{xy}}{J_y - J_x} = \frac{-788}{-514} = 1{,}53307, \underline{\underline{\alpha_0 = 28^0 27'}}.$$

Bei der Bestimmung der Trägheitsmomente für die Berechnung der Biegespannungen ist die Nietverschwächung zu berücksichtigen. Nach Gl. (94) mit $\alpha_0$ und Gl. (97) wird:

$$J_a = J_x \cdot \cos^2\alpha_0 + J_y \cdot \sin^2\alpha_0 - J_{xy} \cdot \sin 2\alpha_0 = \underline{\underline{1040 \text{ cm}^4}},$$

$$J_b = J_x + J_y - J_a = \underline{\underline{98 \text{ cm}^4}}.$$

Für 1 m Länge berechnet sich die Belastung einer Pfette aus Eigengewicht und Schneelast zu

$$q_v = 2(28 + 72) = 200 \text{ kg/m}$$

und aus Windlast:

$$q_w = 2 \cdot 55 = 110 \text{ kg/m}.$$

Durch Zerlegen findet man (Bild 96c) in der Richtung der Hauptachse $A$:

$$q_A = q_v \cdot \sin(\alpha - \beta) + q_w \cdot \sin\alpha = 96 \text{ kg/m},$$

in der Richtung der Hauptachse $B$:

$$q_B = q_v \cdot \cos(\alpha - \beta) + q_w \cdot \cos\alpha = 292 \text{ kg/m}.$$

Danach berechnet sich das Biegemoment $M_a$ in der $BZ$-Ebene und $M_b$ in der $AZ$-Ebene zu:

$$M_a = \frac{0{,}292 \cdot 4{,}8^2}{8} = 0{,}84 \text{ mt}$$

und

$$M_b = \frac{0{,}096 \cdot 4{,}8^2}{8} = 0{,}28 \text{ mt}.$$

Die Ordinaten der Randpunkte z und $m$ sind im Achsenkreuz $XY$:

$$x_0 = 0{,}5 \text{ cm}; \; y_0 = 7{,}0 \text{ cm};$$
$$x_m = -8{,}0 \text{ cm}; \; y_m = 6{,}1 \text{ cm}.$$

Im Achsenkreuz $AB$ sind die Ordinaten für $o$ und $m$:

$$a_0 = y_0 \cdot \sin\alpha + x_0 \cdot \cos\alpha = 3{,}8 \text{ cm},$$
$$b_0 = y_0 \cdot \cos\alpha - x_0 \cdot \sin\alpha = 5{,}9 \text{ cm},$$
$$a_m = y_m \cdot \sin\alpha - x_m \cdot \cos\alpha = -4{,}1 \text{ cm},$$
$$b_m = y_m \cdot \cos\alpha + x_m \cdot \sin\alpha = 9{,}2 \text{ cm}.$$

Daraus folgen die Randspannungen zu:

$$\sigma_0 = \frac{M_a \cdot b_0}{J_a} + \frac{M_b \cdot a_0}{J_b} = \underline{1{,}56 \text{ t/cm}^2},$$

$$\sigma_m = \frac{M_a \cdot b_m}{J_a} + \frac{M_b \cdot a_m}{J_b} = \underline{0{,}43 \text{ t/cm}^2}.$$

# VII. Kern

## 1. Begriffserklärung

In Gl. (106) wurde durch den „Satz von der mittleren Proportionalen“ die Beziehung zwischen dem Angriffspunkt einer Kraft und der Nullinie des Querschnittes erläutert. In Bild 87 entstehen dadurch, daß die Nullinie $NN$ den Querschnitt schneidet, zwei Zonen mit verschiedenen Vorzeichen der Spannung, die Druck- und die Zug-Zone. Man erkennt, daß mit Vergrößerung des Abstandes $s$ der Nullinie $N$ von der Schwerpunktsachse $U$ auch der Punkt $E$ als Nullpunkt

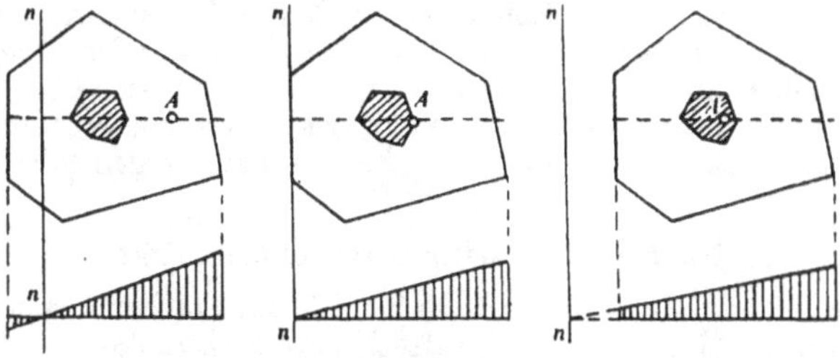


Bild 97a bis c. Die 3 Fälle der Spannungsverteilung.

der Spannungsverteilung wandert. Berührt die Nullinie den Querschnitt gerade noch, so fällt $E$ mit dem äußersten Punkt der Spannungsverteilung zusammen, d. h. $\sigma_2 = 0$; es gibt nur noch eine Spannungszone mit Zug oder Druck, je nach dem Vorzeichen der angreifenden Kraft. Zeichnet man für alle den Querschnitt berührenden Nullinien die Angriffspunkte der Kraft, so liegen alle diese Punkte auf der sog. Kernlinie des Querschnittes, die die Kernfläche, oder kurz den Kern, einschließt. Der Kern eines Querschnittes ist also der geometrische Ort aller Punkte für die als Kraftangriffspunkte eine Normalkraft nur Normalspannungen gleichen Vorzeichens erzeugt. Man kann durch die Lage der Nullinie drei verschiedene Fälle der Spannungsverteilungen unterscheiden:

1. Die Nullinie schneidet den Querschnitt. Dann greift die Kraft außerhalb der Kernfläche an. Die Spannungsverteilung ist ein sog. verschränktes Trapez mit Zug- und Druckspannungen (Bild 97a).

2. Die Nullinie berührt den Querschnitt. Dann greift die Kraft auf der Kernlinie an und die Spannungsverteilung ist ein Dreieck mit nur Zug- oder nur Druckspannungen, wobei eine Randspannung zu Null wird (Bild 97b).

3. Die Nullinie schneidet den Querschnitt nicht. Dann greift die Kraft innerhalb des Kernes an und die Spannungsverteilung wird ein Trapez mit nur Zug- oder nur Druckspannungen (Bild 97c).

Die Kernlinie ist bei einem Vieleck ebenfalls ein eckiger Linienzug, bei Flächen gekrümmter Umrißlinie ein gekrümmter Linienzug. Die Kenntnis der Kernlinie hat für solche Querschnitte besondere Bedeutung, in denen aus Sicherheitsgründen ein Spannungswechsel nicht zulässig ist. Dies gilt z. B. für Pfeiler und Stützmauern aus Beton und Werksteinmauerwerk, die nur auf Druck beansprucht werden sollen.

### 2. Ermittlung des Kernes verschiedener Flächen

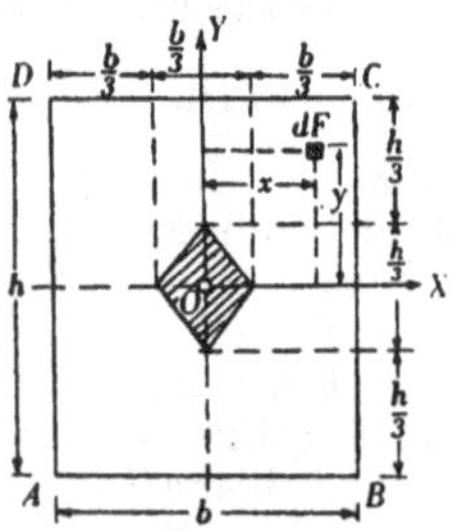


Bild 98. Kern beim Rechteckquerschnitt.

a) Rechteck. Trägheitsmomente für das Rechteck (Bild 98):

$$J_x = \int y^2 \cdot dF = \frac{b \cdot h^3}{12},$$

$$J_y = \int x^2 \cdot dF = \frac{h \cdot b^3}{12}.$$

Die Quadrate der Trägheitshalbmesser sind:

$$i_x^2 = \frac{J_x}{F} = \frac{b \cdot h^3}{12 \cdot b \cdot h} = \frac{h^2}{12},$$

$$i_y^2 = \frac{J_y}{F} = \frac{h \cdot b^3}{12 \cdot b \cdot h} = \frac{b^2}{12}.$$

Die Symmetrieachsen $X$ und $Y$ sind zugleich Hauptachsen. Soll die Kernlinie gefunden werden, so muß die Nullinie den Querschnitt berühren. Legt man die Nullinie in die untere Seite $AB$, so ist ihr Abstand $s = \frac{h}{2}$, da $Y$ die Angriffsachse und $X$ die konjugierte ist. Nach dem Satz von der mittleren Proportionalen Gl. (106) wird:

$$a_x = \frac{i_x^2}{s} = \frac{\frac{h^2}{12}}{\frac{h}{2}} = \frac{h}{6}.$$

Legt man eine zweite Nullinie in die Seite $BC$, so ergibt sich mit $s = \frac{b}{2}$

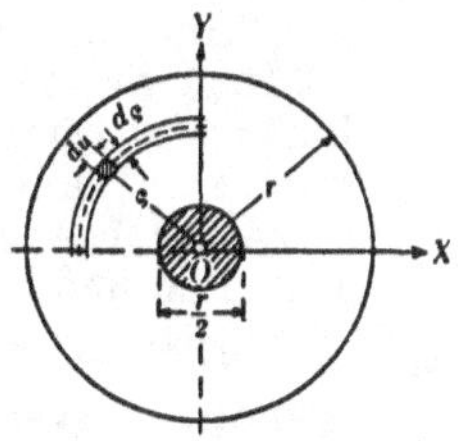


Bild 99. Kern der Kreisfläche.

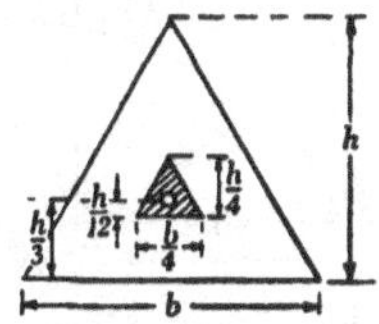


Bild 100. Kern des gleichschenkligen Dreieckes.

$$a_y = \frac{i_y^2}{s} = \frac{\frac{b^2}{12}}{\frac{b}{2}} = \frac{b}{6}.$$

Somit erhält man die doppelt symmetrische Kernfläche eines Rechteckes als Rhombus mit der Höhe $\frac{h}{3}$ und der Breite $\frac{b}{3}$.

b) Kreis. Das polare Tätigkeitsmoment des Kreises (Bild 99) ist:

$$J_p = 2 \cdot J = \int_0^r \varrho^2 (2 \cdot \varrho \cdot \pi \cdot d\varrho) = \frac{\pi \cdot r^4}{2}.$$

Die Quadrate der Trägheitshalbmesser ergeben sich zu:

$$i_x^2 = i_y^2 = \frac{J}{F} = \frac{\pi \cdot r^4}{4 \cdot \pi \cdot r^2} = \frac{r^2}{4}$$

und mit $s = s_x = s_y = r$ erhält man aus $a = \frac{i_u^2}{s}$

$$a_x = a_y = \frac{i_x^2}{s_x} = \frac{i_y^2}{s_y} = \frac{r^2}{4 \cdot r} = \frac{r}{4}.$$

Der Kern einer Kreisfläche ist also ein Kreis mit dem Durchmesser $\frac{r}{2}$.

c) Gleichschenkliges Dreieck. Entsprechend erhält man als Kernfläche eines gleichschenkligen Dreieckes (Bild 100) ein ähnliches Dreieck mit der Grundlinie $\frac{b}{4}$ und der Höhe $\frac{h}{4}$.

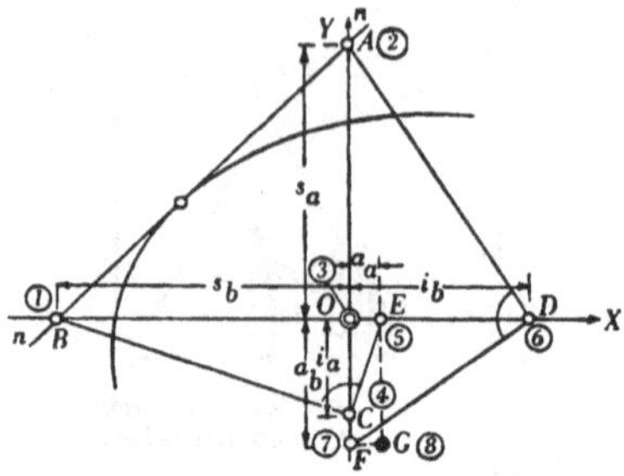


Bild 101. Konstruktion von Kernpunkten für Fläche mit beliebigem Umriß.

d) Beliebiger Umriß für Hauptachsen. Eine den Querschnitt berührende Nullinie $n$—$n$ schneide auf den Hauptachsen $X$ und $Y$ (Bild 101) die Strecken $\overline{OA} = s_a$ und $\overline{OB} = s_b$ ab. Dann ist

$$i_a^2 = a_a \cdot s_b$$

und

$$i_b^2 = a_b \cdot s_a.$$

Man trägt nun $i_a$ (und $i_b$) als die Strecken $OC$ (bzw. $OD$) jeweils auf der zugehörigen Achse auf und verbindet $A$ mit $D$ (und $B$ mit $C$). Dann zieht man $DF$ rechtwinklig zu $AD$ (bzw. $CE$ rechtwinklig zu $BC$). Nach dem Satze von der mittleren Proportionalen ist dann $OF = a_a$ und $OE = a_b$ jeweils der geometrische Ort des Angriffspunktes der Längskraft. Der Nullinie $n$—$n$ entspricht als gesuchter Kernpunkt $G$ mit den Koordinaten $a_a$ und $a_b$.

e) Hauptachsen und Kern beim Winkeleisen. Für das 1 cm starke Winkeleisen L 50/100/10 sollen Schwerpunkt, Hauptachsen und Kern berechnet werden (Bild 102a u. b).

1. Fläche des Winkeleisens:

$$F = 10 \cdot 1 + 1 \cdot 4 + 0{,}215 \cdot 0{,}9^2 - 2 \cdot 0{,}215 \cdot 0{,}45^2 = \underline{14{,}087 \text{ cm}^2}.$$

2. Schwerpunktsabstände von den Achsen $U, V$:

$$\begin{aligned} S_u = {} & \frac{1}{2} \cdot 10^2 + \frac{4}{2} \cdot 1^2 + 0{,}9^2(0{,}215 \cdot 1{,}9 - 0{,}167 \cdot 0{,}9) \\ & - 0{,}45^2\,[0{,}215(10 - 0{,}45) + 0{,}167 \cdot 0{,}45] \\ & - 0{,}45^2(0{,}215 \cdot 0{,}55 + 0{,}167 \cdot 0{,}45) \\ = {} & \underline{51{,}74 \text{ cm}^3}. \end{aligned}$$

$$\begin{aligned} S_v = {} & \frac{1}{2} + 5^2 + \frac{9}{2} \cdot 1^2 + 0{,}9^2\,(0{,}215 \cdot 1{,}9 - 0{,}167 \cdot 0{,}9) \\ & - 0{,}45^2\,[0{,}215\,(5 - 0{,}45) + 0{,}167 \cdot 0{,}45] - 0{,}45^2(0{,}215 \cdot 0{,}55 \\ & + 0{,}167 \cdot 0{,}45) \\ = {} & \underline{16{,}96 \text{ cm}^3}. \end{aligned}$$

$$x_0 = \frac{S_u}{F} = \underline{3{,}673 \text{ cm}}, \quad y_0 = \frac{S_v}{F} = \underline{1{,}204 \text{ cm}}.$$

3. Trägheitsmomente, bezogen auf die Achsen $U, V$ und $X, Y$

$$J_u = \frac{1}{3}(1 \cdot 10^3 + 4 \cdot 1^3) + 0{,}9^2(0{,}215 \cdot 1{,}9^2$$
$$- 0{,}333 \cdot 1{,}9 \cdot 0{,}9 + 0{,}137 \cdot 0{,}9^2) - 0{,}45^2$$
$$[0{,}215\,(10 - 0{,}45)^2 + 0{,}333\,(10 - 0{,}45) \cdot 0{,}45 + 0{,}137 \cdot 0{,}45^2]$$
$$- 0{,}45^2\,[0{,}215 \cdot 0{,}55^2 + 0{,}333 \cdot 0{,}55 \cdot 0{,}45 + 0{,}137 \cdot 0{,}45^2)$$
$$= \underline{330{,}62 \text{ cm}^4}.$$

$$J_v = \frac{1}{3}(1.5^3 + 9 \cdot 1^3) + 0{,}9^2\,(0{,}125 \cdot 1{,}9^2$$
$$- 0{,}333 \cdot 1{,}9 \cdot 0{,}9 + 0{,}137 \cdot 0{,}9^2) - 0{,}45^2\,[0{,}125\,(5 - 0{,}45)^2$$
$$+ 0{,}333\,(5 - 0{,}45) \cdot 0{,}45 + 0{,}137 \cdot 0{,}45^2] - 0{,}45^2[0{,}215 \cdot 0{,}55^2$$
$$+ 0{,}333 \cdot 0{,}55 \cdot 0{,}45 + 0{,}137 \cdot 0{,}45^2]$$
$$= \underline{43.84 \text{ cm}^4}.$$

$$J_x = J_u - F \cdot x_0^2 = \underline{140{,}58 \text{ cm}^4}.$$

$$J_y = J_v - F \cdot y_0^2 = \underline{23{,}42 \text{ cm}^4}.$$

4. Um die Lagen der Hauptachsen zu berechnen, beziehe man $J_s$ auf eine Achse $ZZ$, die um den Winkel $\alpha = 45^0$ zur Schwerachse $XX$ geneigt ist. Vorerst werden $S_w$ und $J_w$ für eine durch die Ecke $W$ gehende, zur $ZZ$-Achse parallele $W$-Achse berechnet, wobei die bekannten Werte für ein Trapez und eine Viertelkreisfläche zu benutzen sind:

$$S_w = \frac{1 \cdot 1}{6 \cdot \sin\alpha}\,[(10 \cdot \sin\alpha)^2 + (9 \cdot \sin\alpha)^2 + 9 \cdot 10 \cdot \sin^2\alpha]$$
$$- 0{,}215 \cdot 0{,}45^2 \cdot 9 \cdot \sin\alpha - \frac{1 \cdot 1}{6 \cdot \sin\alpha}$$
$$[(5 \cdot \sin\alpha)^2 + (4 \cdot \sin\alpha)^2 + 5 \cdot 4 \cdot \sin^2\alpha] + 0{,}215 \cdot 0{,}45^2 \cdot 4 \cdot \sin\alpha.$$

Die in der $WW$-Achse liegende Ausrundung liefert hierzu keinen Beitrag, weil deren Fläche symmetrisch zu beiden Seiten der Achse liegt.

$$J_w = \frac{1 \cdot 1}{12 \cdot \sin\alpha}\,[(10 \cdot \sin\alpha + 9 \cdot \sin\alpha)\,(10^2 \cdot \sin^2\alpha + 9^2 \cdot \sin\alpha^2)$$
$$+ (5 \cdot \sin\alpha + 4 \cdot \sin\alpha)\,(5^2 \cdot \sin^2\alpha + 4^2 \cdot \sin^2\alpha)]$$
$$- 0{,}45^2\,(0{,}0119 \cdot 0{,}45^2 + 0{,}215 \cdot 9^2 \cdot 0{,}5)$$
$$- 0{,}45^2(0{,}0119 \cdot 0{,}45^2 + 0{,}215 \cdot 4^2 \cdot 0{,}5)$$
$$+ 0{,}9^2\,(0{,}0119 \cdot 0{,}9^2).$$

Für $\sin\alpha = 0{,}7071$ und $\sin^2\alpha = 0{,}5$ wird $S_w = \underline{24{,}59 \text{ cm}^3}$ und $J_w = \underline{156{,}56 \text{ cm}^4}$.

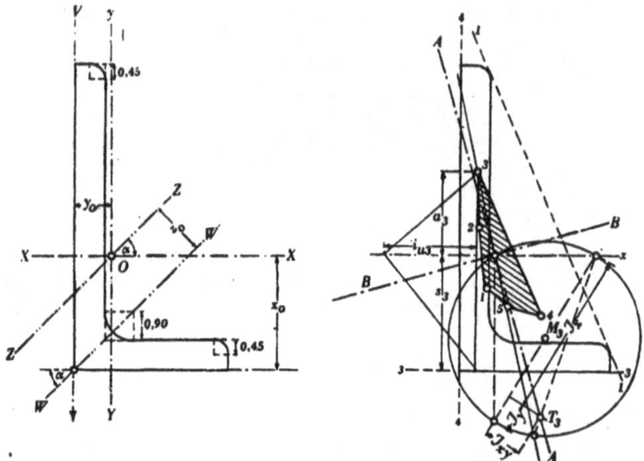

Bild 102a und b. Hauptträgheitsachsen und Kern eines ungleichschenkligen Winkels.

$S_w$ kann dazu dienen, die Richtigkeit der Abstände $x_0$ und $y_0$ nachzuprüfen. Ist $z_0$ der Schwerpunktsabstand von der $WW$-Achse, so gilt:

$$z_0 = \frac{S_w}{F} = 1{,}746.$$

Diesen gleichen Wert erhält man aus $z_0 = (x_0 - y_0) \sin 45^0 = (3{,}673 - 1{,}204)\, 0{,}7071 = 1{,}746$ cm. Das noch fehlende Trägheitsmoment $J_z$ ergibt sich mit:

$$J_z = J_w - F \cdot z = \underline{113{,}62 \text{ cm}^4.}$$

Aus den drei Trägheitsmomenten $J_x$, $J_y$ und $J_z$ berechnet sich in diesem Falle das Zentrifugalmoment $J_{xy}$ nach Gl. (95) zu:

$$J_{xy} = \frac{1}{2}(J_x + J_y) - J_z = \underline{31{,}62 \text{ cm}^4.}$$

Die Lage der Hauptachsen ist gegeben durch:

$$\tan 2\alpha_0 = \frac{2 \cdot J_{xy}}{J_y - J_x} = +\,0{,}53978\,.$$

$$2\alpha_0 = 28^0 22' \text{ und } \alpha_0 = \underline{14^0\, 11'.}$$

(Ohne Berücksichtigung der Schenkelabrundung erhält man $\alpha_0 = 14^0 20'$.)

5. Die Hauptträgheitsmomente sind dann:

$$J_a + J_b = J_x + J_y = 164{,}00$$

$$J_a - J_b = \frac{J_x - J_y}{\cos 2\alpha_0} = \frac{117{,}16}{0{,}87994} = 133{,}15\,.$$

$$J_a = \underline{148{,}575\ \mathrm{cm}^4},\ J_b = \underline{15{,}425\ \mathrm{cm}^4}.$$

6. Der Kern. Zeichnet man jetzt zu den in Bild 102a angegebenen Lagen 1 — 1, 2 — 2, 3 — 3, 4 — 4 und 5 — 5 der Nullinie die zugehörigen Kernpunkte, so erhält man, wie in Bild 102b graphisch ausgeführt, die Kernlinie 1—2—3—4—5. Für die Nulllinie 3 — 3 ist die Konstruktion des Kernpunktes durch Bestimmung der konjugierten Achse und durch $a_3 = \frac{i_{u3}^2}{s_3} = \frac{J_x}{s_3 \cdot F}$ eingezeichnet worden.

## 8. Kern und Spannungsverteilung beim Rechteck

a) Ermittlung der Randspannungen (Bild 103). Gegeben: Querschnitt von der Breite $d$ und der Tiefe $b$ mit dem Schwerpunkt $S$ und der Angriffspunkt $A$ der Kraft $P$ im Abstand $c$ vom Schwerpunkt. Die Spannung im Schwerpunkt ist nach Gl. (105) $\sigma_s = \frac{P}{F}$ und die an den Rändern $a$ und $b$ nach Gl. (108)

$$\sigma_{a,b} = \frac{P}{F} \pm \frac{M}{W} = \frac{P}{b \cdot d} \pm \frac{P \cdot c}{\frac{b \cdot d^2}{6}},$$

also
$$\sigma_{a,b} = \frac{P}{F}\left(1 \pm \frac{6 \cdot c}{d}\right)$$

(117a)
$$\sigma_{a,b} = \sigma_s\left(1 \pm \frac{6 \cdot c}{d}\right)$$

oder

(117 b)
$$\frac{\sigma_a}{\sigma_s} = \frac{\frac{d}{6} + c}{\frac{d}{6}}\,.$$

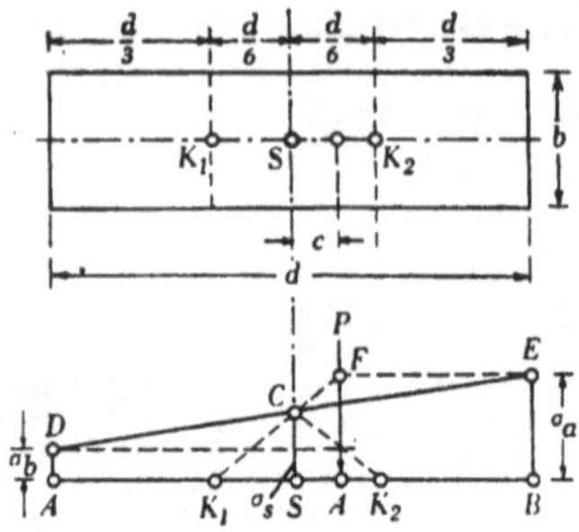

Bild 103. Kern und Spannungsverteilung beim Rechteck.

Daraus ergibt sich die zeichnerische Ermittlung der Randspannungen nach Bild 103. Man trage im Schwerpunkt $S$ die Strecke $SC = \sigma_s = \frac{P}{F}$ auf, verbinde den Kernpunkt $K_1$ mit dem Punkte $C$ und verlängere $K_1C$ bis zum Schnitt $F$ mit der Kraft $P$. Zieht man dann $FE$ parallel zu $AB$, so ergibt die Gerade $ECB$ die gesuchte Spannungsverteilung. Zum Beweis erhält man aus den ähnlichen Dreiecken $CK_1S$ und $FK_1A$ die Beziehung der Gleichung (117b). Entsprechend kann der Kernpunkt $K_2$ zur Ermittlung von $\sigma_b$ und damit der Spannungsverteilung $DCE$ herangezogen werden.

Leitet man aus Gl. (117a) noch die Sonderfälle ab, so kann man die wechselnde Spannungsverteilung bei einer auf der Symmetrieachse wandernden Druckkraft verfolgen (Bild 104a bis f):

1. Fall: a = 0 (Bild 104a), d. h. die Kraft greift im Schwerpunkt an. Dann ist die Schwerpunktsspannung wie immer $\sigma_s = \frac{P}{F}$. Aber auch die Randspannungen werden nach Gl. (117a) $\sigma_{a,\,b} = \sigma_s$. Ergebnis: Gleichmäßige Spannungsverteilung (mittiger Druck). Nach Gl. (106) liegt mit $a = 0$ die Nullinie im Unendlichen.

2. Fall: $a < \frac{h}{6}$ (Bild 104b), d. h. die Kraft greift zwischen Schwerpunkt und Kernpunkt, also innerhalb des Kernes an. Da der Nullinienabstand $s = \frac{i^2}{a}$ ist, liegt die Nullinie außerhalb des Querschnittes, die Spannungsverteilung ist ein Trapez. Die Schwerpunktsspannung bleibt $\sigma_s = \frac{P}{F}$.

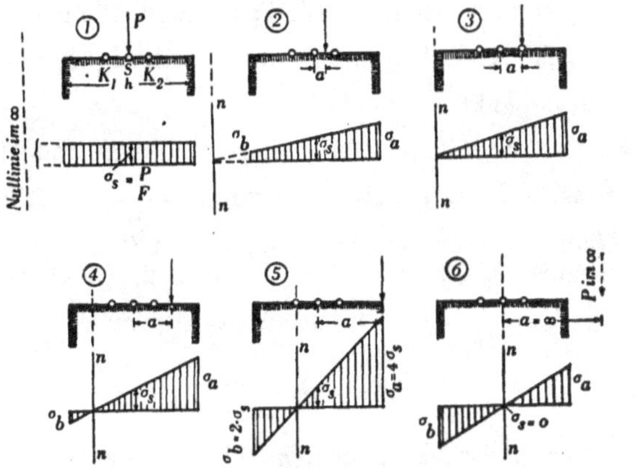


Bild 104a bis f. Spannungsverteilung für 6 ausgezeichnete Lagen des Kraftangriffspunktes.

3. Fall: $a = \frac{h}{6}$ (Bild 104c), d. h. die Kraft greift im Kernpunkt an. Nach Gl. (117a) wird $\sigma_a = 2 \cdot \sigma_s$ und $\sigma_b = 0$. Die Nullinie berührt den Querschnitt, die Spannungsverteilung ist ein Dreieck.

4. Fall: $a > \frac{h}{6}$ aber $< \frac{h}{2}$ (Bild 104a), d. h. der Kraftangriffspunkt liegt außerhalb des Kernes zwischen dem Kernpunkt und dem äußeren Querschnittsrand. Gl. (117a) liefert zwei Spannungswerte mit verschiedenen Vorzeichen. Die Nullinie schneidet den Querschnitt im Nullpunkt des verschränkten Trapezes der Spannungsverteilung mit $\sigma_s$ im Schwerpunkt. Für Sonderfall $a = \frac{h}{4}$ wird $-\sigma_b = 5\,\sigma_a$ und $\sigma_a = 2{,}5\,\sigma_s$.

5. Fall: $a = \frac{h}{2}$ (Bild 104e), d. h. die Kraft greift im Querschnittsrand an. Aus Gl. (117a) folgt $\sigma_a = 4 \cdot \sigma_s, \sigma_b = 2 \cdot \sigma_s$. Der Abstand der Nullinie ist $s = \frac{i_2}{a} = \frac{h}{6}$, die Null-

linie berührt den Kern. Die Spannungsverteilung ist ein verschränktes Trapez mit der Spannung $\sigma_s = \frac{P}{F}$ im Schwerpunkt.

6. Fall: $a = \infty$ (Bild 104f.) Liegt der Angriffspunkt der Kraft $P$ im Unendlichen, so wird $s = \frac{i^2}{a} = 0$, d. h. die Nullinie geht durch den Schwerpunkt (Fall der reinen Biegung. Kraft $P$ im Unendlichen). In Gl. (105) wird der Anteil $\frac{P}{F} = \sigma_s = 0$ und die Randspannungen sind:

$$\sigma_a = -\sigma_b = \frac{M}{W}.$$

Im Verlauf der sechs gezeigten Fälle vertauschen somit der Kraftangriffspunkt und die Nullinie ihre Lagen (die sog. dualen oder reziproken Beziehungen zwischen Kraftangriffspunkt und Nullinie).

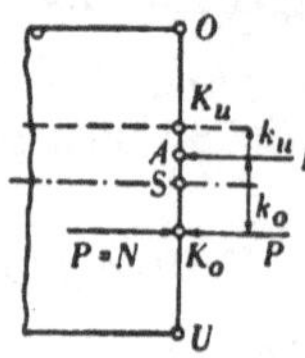


Bild 105. Kernpunktsmomente.

b) Kernpunktsmomente für den Rechteckquerschnitt. Im Schnitt $OU$ (Bild 105) greife im Punkt $A$ die Einzellast $P$ an. $K_0$ und $K_u$ seien die Kernpunkte, $S$ der Schwerpunkt des Rechteckes. Anstatt im Schwerpunkt bringt man hier im Kernpunkt $K_0$ zwei gleichgroße und entgegengesetzt gerichtete Kräfte an. Dann ergibt sich eine Längskraft $P = N$ in $K_0$ und ein Moment $M = P \cdot k_0$. Die Kraft $P = N$ erzeugt im Randpunkte $O$ keine Spannungen, weil dort die Nullinie des Rechteckquerschnittes liegt, während das Moment in $O$ die Spannung

$$\sigma_0 = \frac{P \cdot k_0}{W} = \frac{M_{k_0}}{W} \tag{118a}$$

hervorruft, wobei $W$ das Widerstandsmoment des Querschnittes ist. Entsprechend ergibt das Moment für den Punkt $U$ die Spannung:

(118b) $$\sigma_u = \frac{P \cdot k_u}{W} = \frac{M_{k_u}}{W}.$$

Die Momente $M_{k_0}$ und $M_{k_u}$ nennt man die Kernpunktsmomente. Sie werden angewendet, um bei Belastung aus Biegemoment und Längskraft einfache Spannungsausdrücke zu erhalten, besonders bei Gewölbeberechnungen mittels der Einflußlinien für die Kernpunktsmomente.

### 4. Die reziproken Beziehungen zwischen Nullinie und Kraftangriffspunkt

a) Die Gleichung der Nullinie. In einem beliebigen Querschnitt mit der Fläche $F$ sei $A$ der Angriffspunkt der Kraft $P$ gegeben mit den Ordinaten $u$ und $v$. Denkt man sich im Schwerpunkt zwei gleichgroße und entgegengesetzt gerichtete Kräfte $P$ angebracht, so wird die Kraftwirkung in eine Normalkraft $N = P$ und ein Moment $M = P \cdot e$ zerlegt. Zerlegt man wiederum dieses Moment $M$, das in der Richtung der Kraftlinie $AO$ wirkt, in seine Vektoren $M_y = P \cdot v$ und $M = P \cdot u$, so erhält man für die Spannung die Gleichung

$$\sigma = \frac{P}{F} + \frac{M_y}{J_y} \cdot z + \frac{M_z}{J_z} \cdot y$$

$$\sigma = \frac{P}{F} + \frac{P \cdot v \cdot z}{J_y} + \frac{P \cdot u \cdot y}{J_z},$$

und mit:

$$i_y^2 = \frac{J_y}{F}, \quad i_z^2 = \frac{J_z}{F}$$

(119) $$\sigma = \frac{P}{F}\left\{1 + \frac{v \cdot z}{i_y^2} + \frac{u \cdot y}{i_z^2}\right\}.$$

Für die Nullinie gilt aber $\sigma = 0$. Damit wird die Gleichung der Nullinie gefunden zu:

(120) $$\frac{u \cdot y}{i^2} + \frac{v \cdot z}{i_y^2} = -1,$$

oder mit den Festwerten $i_y = b$ und $i_z = a$:

(121) $$\frac{u \cdot y}{a^2} + \frac{v \cdot z}{b^2} = -1.$$

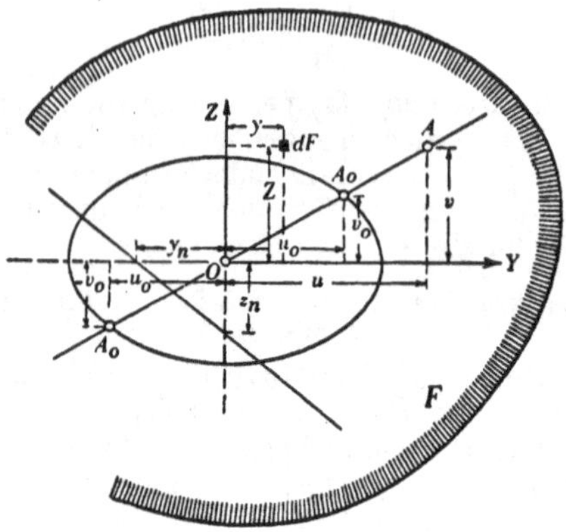


Bild 106. Nullinie und Trägheitsellipse.

Hierin sind $y$ und $z$ die Koordinaten eines Punktes der Nulllinie. Sie schneidet auf den Hauptachsen die Strecken $z_n$ und $y_n$ ab, die bestimmt sind durch:

$$(122) \qquad z_n = -\frac{a^2}{u}, \qquad y_n = -\frac{b^2}{v}.$$

Diese Koordinaten sind unabhängig von der Größe der Kraft. Das Minuszeichen bedeutet, daß die Kraftlinie von der Nulllinie stets auf derjenigen Seite von $O$ geschnitten wird, die dem Angriffspunkt $A$ gegenüberliegt.

Da in Gl. (121) die Werte von $u$ und $v$ (Bild 106) zum Angriffspunkt $A$ gehören, folgt, daß jedem Kraftangriffspunkt eine durch diese Gleichung bestimmte Nullinie zugeordnet ist.

b) Nullinie und Trägheitsellipse. Werden in Gl. (121) für einen bestimmten Kraftangriffspunkt $A_0$ die Koordinaten $u_0 = -y = -\eta$ und $v_0 = -z = -\zeta$ eingesetzt, so erhält man die Gleichung einer Ellipse:

$$(123) \qquad \frac{\eta^2}{a^2} + \frac{\zeta^2}{b^2} = +1,$$

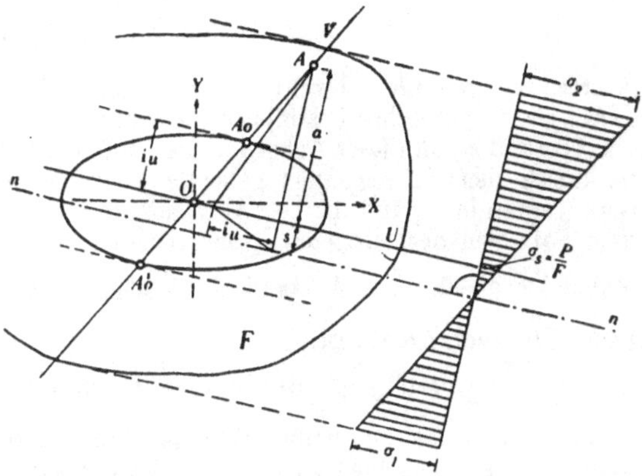


Bild 107. Ermittlung der Spannungsverteilung mittels Zentralellipse.

wobei $a$ und $b$ die Ellipsenhalbmesser sind. Die Koordinaten von $A_0$ erfüllen also diese Gleichung, d. h. $A_0$ liegt auf der Ellipse (s. Bild 106). Ebenso liegt der Punkt $A'_0$ mit seinen Koordinaten $-u_0 = y = \eta$ und $-v_0 = z = \zeta$ auf der Ellipse und hat dieselbe Nulliniengleichung wie $A_0$.

Bildet man die Differentialquotienten der Ellipsengleichung und der Nulliniengleichung in $A'_0$, so ergibt sich mit der Gleichung der beiden:

$$\text{(124)} \qquad \frac{d\zeta}{d\eta} = \frac{dz}{dy} = \frac{b^2}{a^2}\frac{u_0}{v_0},$$

daß die Nullinie durch $A_0'$ zugleich Ellipsentangente ist.

c) Ermittlung der Spannungsverteilung mittels Zentralellipse. Für eine Fläche $F$ sind die Trägheitsmomente auf die $X$- und $Y$-Achsen durch den Punkt $O$ gegeben, sowie der Kraftangriffspunkt $A$ einer Kraft $P$. Gesucht ist die Spannungsverteilung.

Die Angriffsgerade (oder Kraftlinie) ist die Verbindung $AO$. Die Trägheitsellipse wird mit den Halbmessern $i_x = \sqrt{\frac{J_x}{F}}$

und $i_v = \sqrt{\frac{J_v}{F}}$ gezeichnet. Dann wird die Nullinie der Spannungsverteilung gefunden durch: 1. die parallele Richtung zur $U$-Achse, die zur Achse $V$ konjugiert ist, und 2. den senkrechten Abstand $s$ von dieser Achse $U$. Die konjugierte Achse ist die durch den Schwerpunkt gehende Parallele zu den Ellipsetangenten in $A_0$ und $A_0'$. Der Abstand $s$ wird berechnet aus dem Satz von der mittleren Proportionalen: $a \cdot s = i_u^2$, worin $i_u^2 = \frac{J_u}{F}$ gleich dem Abstand der Achse $U$ von der parallelen Ellipsentangente ist.

Die Spannungsverteilung wird bestimmt durch $\sigma_s = \frac{P}{F}$ in der Schwerachse und den Nullpunkt. Liegt ein anderer Angriffspunkt $A_1$ auf derselben Achse $V$, so ist die zugehörige Nullinie wiederum parallel zur Achse $U$.

d) Kraftangriffspunkte paralleler Nullinien. Wandert also der Angriffspunkt $A$ einer Kraft auf einer Geraden durch den Schwerpunkt $O$ (Kraftlinie $AO$), so sind alle zu dieser Angriffsgeraden gehörenden Nullinien parallel zu der Tangente in $A_0$ und $A_0'$. Umgekehrt liegen für parallele Nulllinien die zugehörigen Kraftangriffspunkte auf einer Geraden (Bild 108).

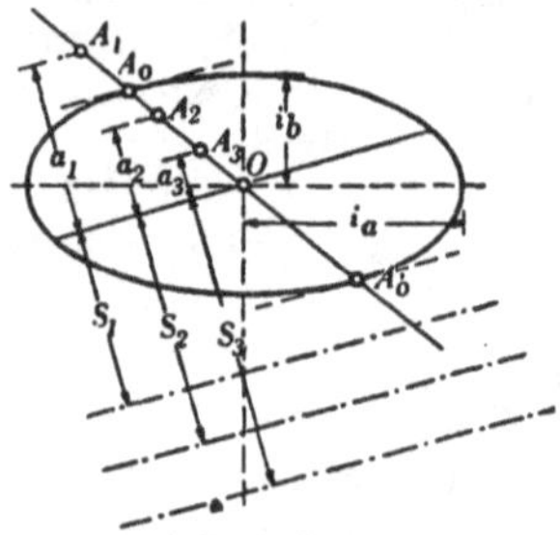

Bild 108. Kraftangriffsgerade als Durchmesser der Zentralellipse.

Die der Nullinie parallele Schwerachse $U$ ist die zur Angriffsachse $V$ zugeordnete (konjugierte) Achse. Unter allen zugeordneten Achsen der Trägheitsellipse sind die Hauptachsen mit den Trägheitshalbmessern $i_a$ und $i_b$ die einzigen, die rechtwinklig aufeinanderstehen.

Mittels der Trägheitsellipse kann unmittelbar für jede Achse $U$ der Trägheitshalbmesser $i_u$ und aus ihm das Trägheitsmoment $J_u$ bestimmt werden. Die Trägheitsellipse für

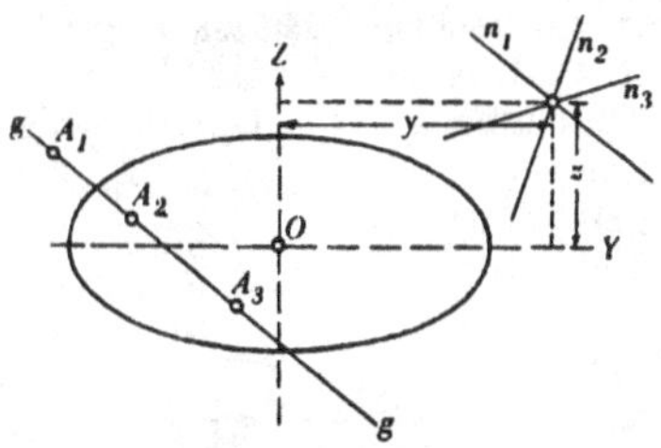


Bild 109. Kraftangriffsgerade als Sehne der Zentralellipse.

den Schwerpunkt (die fast ausschließlich angewendet wird) heißt **Zentralellipse.**

e) **Kraftangriffspunkte für Drehung der Nullinie um einen Pol.** Wandert der Angriffspunkt $A$ der Kraft auf einer Geraden, die nicht durch den Schwerpunkt geht, so lautet die Gleichung seiner Bahn $g - g$ (Bild 109):

$$v = \alpha \cdot u + \beta\,,$$

worin $\alpha$ und $\beta$ Festwerte sind. Die Nullinien liegen dann nicht parallel, sondern schneiden sich. Sucht man die Schnittpunkte, so erhält man mit $v_1 = \alpha \cdot u_1 + \beta$ und $v_2 = \alpha \cdot u_2 + \beta$ aus den Gleichungen der Nullinie (s. Gl. 121):

$$\frac{u_1 \cdot y}{a^2} + \frac{z(\alpha \cdot u_1 + \beta)}{b^2} = -1$$

$$\frac{u_2 \cdot y}{a^2} + \frac{z(\alpha \cdot u_2 + \beta)}{b^2} = -1$$

die Koordinaten des Schnittpunktes mit

$$z = -\frac{b^2}{\beta}\,, \quad y = -\frac{a^2}{\beta} \cdot \alpha\,. \tag{125}$$

In diesen Ausdrücken kommen die Koordinaten der Punkte $A_1$ und $A_2$ nicht mehr vor. Mithin ergeben sich für alle Punkte $A$ auf der Geraden $g - g$ dieselben Schnittpunktskoordinaten, d. h. die zugehörigen Nullinien aller Punkte $A$ der Geraden $g - g$ (Sehne der Zentralellipse) schneiden sich in einem Punkte. Umgekehrt liegen für Nullinien, die durch ein und denselben Punkt gehen, die Kraftangriffspunkte auf einer Geraden (Bild 109).

Die Nullinie heißt auch die zum Angriffspunkt $A$ gehörende Antipolare der Zentralellipse. In Verbindung mit Gl. (121) ergeben sich hieraus folgende zwei Sätze:

1. Jedem Punkt der Querschnittsebene, der als Angriffspunkt der Last gedacht wird, ist die **Antipolare** als **Nullinie** zugeordnet. Und umgekehrt entspricht jeder als Nullinie gewählten Ellipsensehne ihr Antipol als Kraftangriffspunkt (Bild 110).
2. Wenn sich der Angriffspunkt $A$ auf einer beliebigen Geraden $g$—$g$ als Ellipsensehne verschiebt, dreht sich die Nullinie um den Antipol dieser Geraden. Oder umgekehrt:
Wenn sich die Nullinie um einen beliebigen Punkt dreht, wandert der zugehörige Kraftangriffspunkt auf der Antipolaren dieses Punktes fort (Bild 111).

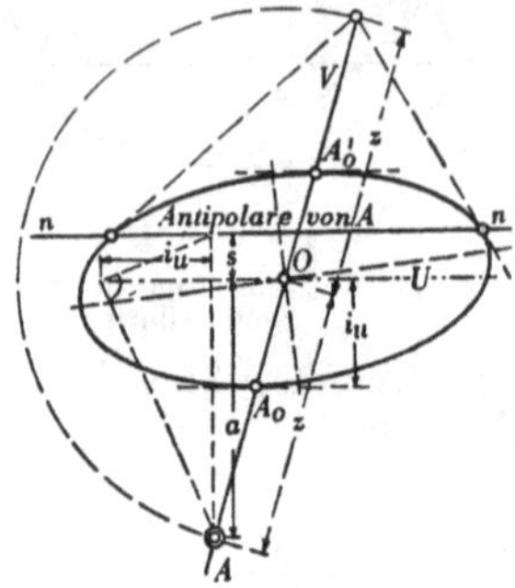


Bild 110. Nullinie als Antipolare des Kraftangriffspunktes.

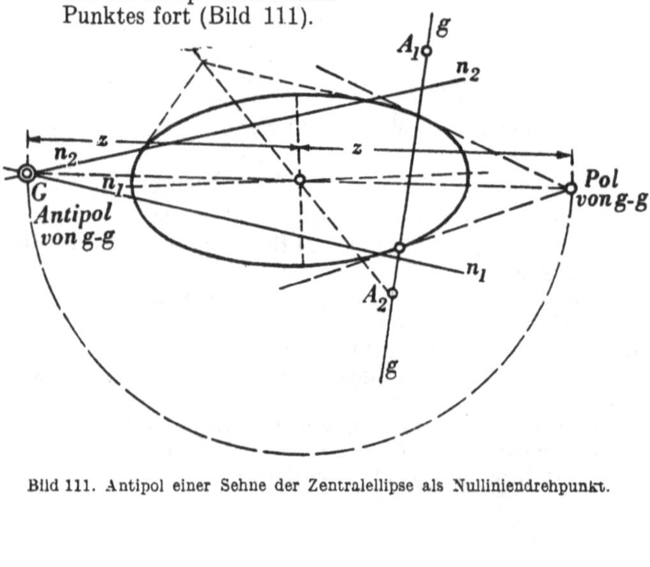


Bild 111. Antipol einer Sehne der Zentralellipse als Nulliniendrehpunkt.

Liegt der Kraftangriffspunkt auf der Zentralellipse, so ist der Grenzfall erreicht, in dem die Antipolare in die Tangente übergeht, die in diesem Falle die Nullinie ist.

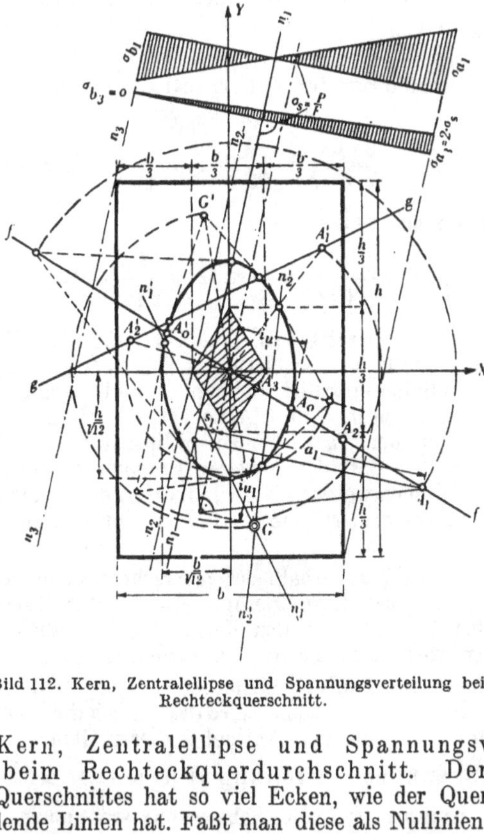

Bild 112. Kern, Zentralellipse und Spannungsverteilung beim Rechteckquerschnitt.

f) Kern, Zentralellipse und Spannungsverteilung beim Rechteckquerdurchschnitt. Der Kern eines Querschnittes hat so viel Ecken, wie der Querschnitt umhüllende Linien hat. Faßt man diese als Nullinien auf, so kann der Kernpunkt als zugehöriger Kraftangriffspunkt konstruiert werden. Für das Rechteck ergeben sich also vier

Kernpunkte, die den Nullinien in den vier Seiten entsprechen. Dreht sich nämlich die Nullinie in einem Eckpunkt, so wandert der Kraftangriffspunkt auf einer Geraden. Die Durchmesser der Kernfigur sind bei einem Rechteck mit den Seiten $h$ und $b$: $\frac{h}{3}$ und $\frac{b}{3}$.

Die Durchmesser der Zentralellipse werden gefunden aus

$$i_a^2 = \frac{J_x}{F} = \frac{b \cdot h^3}{12 \cdot b \cdot h} = \frac{h^2}{12} \text{ zu } i_a = \frac{h}{\sqrt{12}} = 0{,}2887 \cdot h$$

und ebenso aus

$$i_b^2 = \frac{J_y}{F} = \frac{h \cdot b^3}{12 \cdot b \cdot h} = \frac{b^2}{12} \text{ zu } i_b = \frac{b}{\sqrt{12}} = 0{,}2887 \cdot b\,.$$

Wandert der Kraftangriffspunkt auf der Kraftlinie $f$—$f$ (Bild 112) durch den Schwerpunkt $S$, so werden die zugehörigen Nullinien parallel zueinander und parallel zu den Ellipsentangenten in $A_0$ und $A_0'$ sein. Die Entfernungen $s$ der Nullinien von den Parallelen zur Ellipsentangente durch $S$ werden aus dem Satz der mittleren Proportionalen gefunden, oder die Nullinien werden als Antipolare zu den Kraftangriffspunkten $A$ konstruiert (wie in Bild 112 für $n_1$ eingezeichnet ist).

Liegt $A = A_1$ außerhalb des Querschnittes, so schneidet die Nullinie $n_1$ den Kern. Berührt $A = A_2$ den Querschnitt, so berührt die Nullinie $n_2$ den Kern. Berührt endlich $A = A_3$ den Kern, so berührt die Nullinie $n_3$ den Querschnitt.

Wandert der Kraftangriffspunkt $(A_1, A_2')$ auf der Geraden $g$—$g$, die Ellipsensehne ist, so drehen sich die zugehörigen Nullinien $(n_1', n_2')$ um den Antipol $G$ dieser Geraden.

Die Spannungsverteilung ist jeweils durch den Punkt auf der Nullinie und die Schwerpunktsspannung $\sigma_0 = \frac{P}{F}$ gegeben.

## 5. Die Lage der Nullinie bei fehlender oder versagender Zugzone

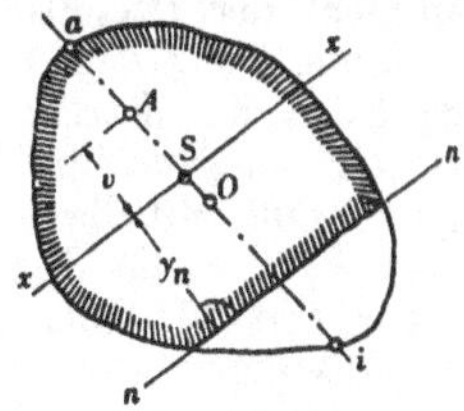


Bild 113. Querschnitt mit versagender Zugzone.

a) Allgemein. Die Zugzone überträgt keine Spannungen oder versagt, wie z. B. in der Bodenfuge oder in Fugen freistehenden Mauerwerkes ohne Mörtelverbindung. Der Angriffspunkt der Kraft liegt dann zwischen einem Randpunkt $a$ des Querschnittes und dem benachbarten Kernpunkt, d. h. die Nullinie schneidet den Querschnitt (Bild 113.) Ihre Lage muß nun unter der Bedingung festgelegt werden, daß die Druckzone allein wirksam ist. In diesem Falle sind die Flächengrößen und der Schwerpunkt nicht mehr für den ganzen Querschnitt zu bestimmen, sondern allein für die Druckzone.

Ist $i_x$ der Trägheitshalbmesser für die der Nullinie parallele Schwerachse $XX$, $v$ der Abstand des Angriffspunktes $A$ der Längskraft und $y_n$ der Abstand der Nullinie $nn$ von dem Schwerpunkt $S$ der Druckzone rechtwinklig zur Achse $XX$ gemessen, so tritt an Stelle des Satzes von der mittleren Proportionalen (Gl. 106) als maßgebende Bedingung für die Nullinie:

$$i_x^2 = v \cdot y_n .$$

Da aber $$i_x = \frac{J_x}{F}, \text{ folgt}$$

$$i = \frac{J_x}{F} = v \cdot y_n \text{ oder } v = \frac{J_x}{F \cdot y_n} .$$

Außerdem ist das Trägheitsmoment

$$J_x = J_n - F \cdot y_n^2 .$$

Wird dieser Wert in die Gleichung für $v$ eingesetzt, so erhält man:

$$v = \frac{J_n - F \cdot y_n^2}{F \cdot y_n} = \frac{J}{F \cdot y_n} - y_n$$

oder

(126) $$v + y_n = \frac{J_n}{S_n} .$$

Hierin ist $J_n$ das Trägheitsmoment und $S_n$ das statische Moment der Druckzone mit der Fläche $F$, bezogen auf die Nullinie. Die zweite Bedingung für die Lage der Nullinie besagt, daß die Mittelkraft aller $\sigma$ gleich und parallel der Längskraft $P$ sein und ihre Richtung durch ihren Angriffspunkt $A$ gehen muß. Mit diesen beiden Bedingungen ist bei gegebener Lage von $A$ die Spannungsverteilung bestimmt. Fällt die Mittelkraft mit einer Hauptachse zusammen, so genügt die erste Bedingung allein.

b) Rechteckquerschnitt. Nach Gl. (126) erhält man in diesem Falle mit $J_n = \frac{b \cdot d^3}{3}$ und $S_n = \frac{b \cdot d^2}{2}$

$$v + y_n = \frac{J_n}{S_n} = \frac{2}{3} d.$$

und
$$c = d - (v + y_u) = \frac{d}{3}.$$

Daraus folgt als Breite der Druckzone

(127) $$d = 3 \cdot c.$$

Mit $d$ ist dann auch die Spannungsverteilung gegeben. Im Punkte $S$ als Schwerpunkt der Druckfläche wirkt die Spannung

$$\sigma = \frac{P}{b \cdot d}.$$

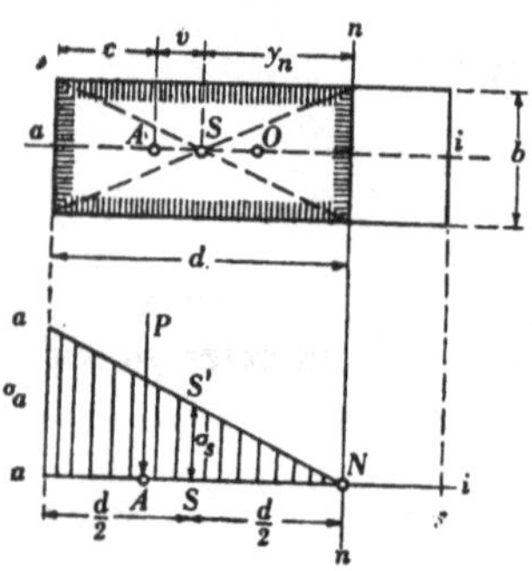


Bild 114. Rechteckquerschnitt mit versagender Zugzone.

Trägt man $\sigma_s$ als Strecke $S$—$S'$ auf und verbindet $S'$ mit Punkt $N$ auf der Nullinie, so erhält man die Randspannung $\sigma_a = 2 \cdot \sigma_s$. Somit ist:

(128)
$$\sigma_a = 2 \cdot \sigma_s = \frac{2 \cdot P}{b \cdot d} = \frac{2P}{3 \cdot b \cdot c}.$$

Diese Beziehung wird besonders bei der Ermittlung

der Spannungen in der Bodenfuge von Pfeilern und Stützmauern angewendet.

## 6. Zeichnerisches Verfahren nach O. Mohr zur Bestimmung der Nullinie bei fehlender Zugzone[36])

Voraussetzung ist hierbei, daß der Angriffspunkt $A$ der Kraft auf der Symmetrieachse des Querschnittes liegt, d. h. daß die Mittelpunkte aller parallelen Streifen, in die der Querschnitt zerlegt werden muß, mit A auf der Geraden $BB'$ liegen (Bild 115). Dann ist die Richtung der Nullinie als rechtwinklig zu $BB'$ bekannt und ihr Abstand kann berechnet werden. In allen anderen Fällen kann die Lösung nur durch Probieren gefunden werden.

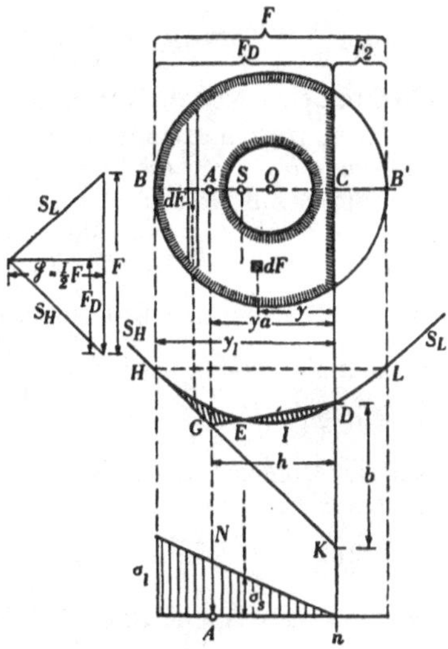

Bild 115. Bestimmung der Spannungsverteilung bei Versagen der Zugzone nach O. Mohr.

Anzuwenden sind:

1. die Gleichung $\int u \cdot v \cdot dF = 0$,

(Gl. 107) wobei an Stelle von $v$ hier $y$ tritt:

(129) $\int u \cdot y \cdot dF = 0;$

2. die Projektionsgleichung auf die Lotrechte

$$N + \int \sigma \cdot dF = 0\,,$$

oder da nach Navier $\sigma = \frac{\sigma_1}{y_1} \cdot y$ ist,

[36]) s. O. Mohr, Schrifttum Nr. 14, S. 280.

$$(130) \qquad N + \frac{\sigma_1}{y_1} \int y \cdot dF = 0 ;$$

3. die Momentengleichung für die Nullinie

$$N \cdot y_a + \int \sigma \cdot y \cdot dF = 0 ,$$

oder

$$(131) \qquad N \cdot y_a + \frac{\sigma_1}{y_1} \int y^2 \cdot dF = 0 .$$

Dabei beziehen sich die Integrale $\int y \cdot dF$ und $\int y^2 \cdot dF$ nicht auf die ganze Querschnittsfläche $F$, sondern nur auf die der Druckzone $F_D$, weil die Zugzone als nicht wirkend angenommen wurde. Zur Bestimmung dieser Integrale dient ein zeichnerisches Verfahren von Mohr. Man zerlegt die Fläche in parallele Streifen $dF$, die als lotrechte Kräfte aufgefaßt werden, und zeichnet den Kräfteplan mit dem Polabstand $\frac{F}{2}$ und die Seillinie $HEJD$. Aus Kraft- und Seileck ergibt sich das Moment $M = H \cdot \eta$ mit $H = \frac{F}{2}$ und $\eta = b$. Dann ist das statische Moment, da die Kraft $dF$ und der Hebelsarm $y$ ist, für den Schnitt $n$—$n$:

$$(132) \qquad \int y \cdot dF = M = b \frac{F}{2} .$$

Ferner ist das Trägheitsmoment für die Achse $x$—$x$:

$$J_x = \int y^2 \cdot dF = F \text{ (Fläche } HJDK) .$$

Zieht man nun nach Augenmaß die ausgleichende Linie $DG$ derart, daß die Flächen ($HGE$) und ($EJD$) gleich werden, so ist die Fläche ($HJDK$) in ein flächengleiches Dreieck von der Größe $\frac{b \cdot h}{2}$ verwandelt. Dann wird

$$(133) \qquad \int y^2 \cdot dF = F \cdot \frac{b \cdot h}{2} .$$

Damit wird aus der obigen Projektionsgleichung (130) auf die Lotrechte und der Beziehung (132) die Spannung gefunden mit:

$$(134)\qquad \sigma_1 = -N \frac{y_1}{\int y \cdot dF} = -\frac{2 \cdot N \cdot y_1}{b \cdot F}.$$

Nach der Momentengleichung für die Nullinie und Gl. (131) erhält man endlich:

$$(135)\qquad y_a = h.$$

Die Ausgleichslinie $DG$ bestimmt zugleich den gesuchten Abstand $y_a = h$ der Nullinie vom gegebenen Angriffspunkt $A$, gemessen auf der Symmetrieachse $BB'$.

### 7. Zeichnerisches Verfahren nach Spangenberg[37]).

Das Verfahren ist bei homogenen Querschnitten (Aufnahme von Zug- und Druckspannungen) und bei Querschnitten ohne Zugfestigkeit anwendbar.

a) Homogener Querschnitt. Man zerlegt den Querschnitt (Bild 116) wie beim Mohrschen Verfahren in beliebige parallele Streifen $dF$. Diese haben von der Achse $a$—$a$ durch den Angriffspunkt $A$, senkrecht zur Kraftangriffsachse $AC$, die wieder Symmetrieachse des Querschnittes sein muß, den Abstand $\eta$. Die Momentengleichung für diese Achse $a$—$a$ lautet:

$$\Sigma(\sigma' \cdot dF) \cdot \eta + N \cdot 0 = 0,$$

also

$$(136)\qquad \Sigma \sigma' \cdot \eta \cdot dF = 0.$$

Da nach Navier $\sigma' = k \cdot y'$ ist, worin $y'$ der Abstand eines Flächenteilchens $dF$ von der Nullinie $n'n'$ und $k$ ein für die weitere Rechnung belangloser Festwert ist, wird:

$$\Sigma \sigma' \cdot \eta \cdot dF = \Sigma k \cdot y' \cdot \eta \cdot dF = 0$$

oder

$$\Sigma y'(\eta \cdot dF) = 0.$$

Faßt man nun $(\eta \cdot dF) = dw$ als Gewichte auf, so wird aus Gl. (136)

$$(137)\qquad \Sigma y' \cdot dw = 0.$$

---

[37]) s. Spangenberg, H., Schrifttum Nr. 15, Seite 366.

In Worten: Die Momentensumme der Gewichte $dw$ bezogen auf die Nullinie muß Null sein. Dann muß aber die Nullinie durch den Schwerpunkt der Gewichte $dw$ gehen. Somit ergibt sich die Lage der Nullinie durch den Schnitt der äußersten Seilstrahlen des für die Gewichte $dw$ gezeichneten Seileckes und in ihrer Richtung senkrecht zur Kraftangriffsachse $AC$.

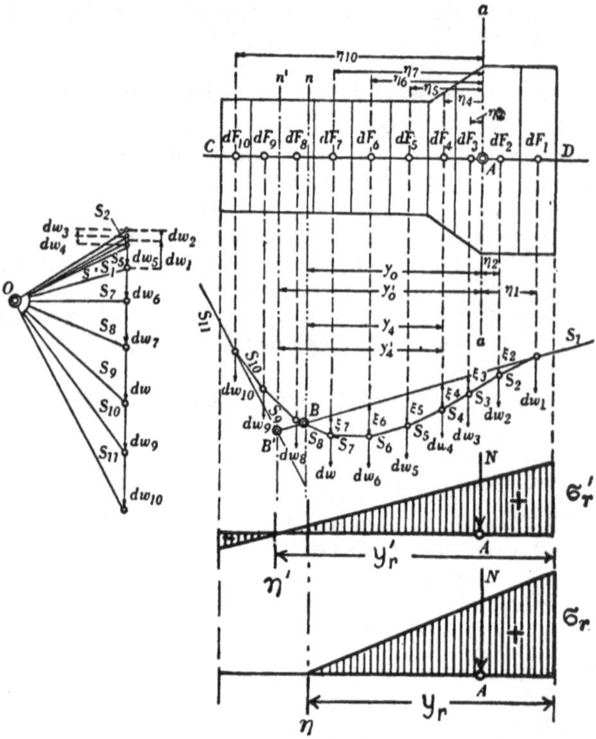

Bild 116. Verfahren von Spangenberg zur Ermittlung der Lage der Nullinie und der Spannungsverteilung.

Aus der Projektionsgleichung ergibt sich mit $\sigma' : y' = \sigma'_r : y'_r$:

$$N = \Sigma\sigma' \cdot dF = \frac{\sigma'_r}{y'_r}\Sigma y' \cdot dF = \frac{\sigma'_r}{y'_r}\Sigma(y'_0 - \eta)dF.$$

Hieraus erhält man die Randspannung zu:

$$(138) \qquad \sigma'_r = \frac{N \cdot y'_r}{y'_0 \Sigma dF - \Sigma dw}.$$

Der Vorteil des Verfahrens liegt darin, daß man zur Ermittlung der Nullinie und der Randspannungen weder den Schwerpunkt noch das Trägheitsmoment des Querschnittes bestimmen muß.

Die Streifeneinteilung in Bild 116 wählt man zweckmäßig so, daß ein Streifenrand mit der Achse $a$—$a$ zusammenfällt. Die Gewichte links von $A$ haben positives, jene rechts von $A$ negatives Vorzeichen, weil im Produkt $dF\eta$ $\eta$ auf der Strecke $AC$ positiv, auf der Strecke $AD$ negativ einzusetzen ist. Man zeichnet den Kräfteplan mit einem beliebigen Pol und den dazugehörigen Seilzug. Die Nullinie $n' - n'$ für den homogenen Querschnitt ergibt sich durch den Schnitt $B'$ der äußeren Seilstrahlen 1 und 11. Die Randspannung $\sigma'_r$ ist bei 10 Gewichten $dw$ und mit $\Sigma dF = F$ für den homogenen Querschnitt nach Gl. (138):

$$(139) \qquad \sigma'_r = \frac{\frac{N}{F} \cdot y'_r}{y'_0 - \frac{\sum\limits_1^{10} dw}{F}}.$$

b) Außermittig gedrückter symmetrischer Mauer- oder Betonquerschnitt mit versagender Zugzone. Man zeichnet wie unter $a$ Kraft- und Seileck für die Gewichte $dw$ (unter Berücksichtigung des Vorzeichens). Es gilt auch hier die Gl. (137) $\Sigma\, y \cdot dw = 0$. Da aber nur die Druckzone Spannungen aufnehmen kann, kommen für diese Gleichung nur die Gewichte $dw = \eta \cdot dF$ in Frage, die der Druckzone angehören, also nur die der rechts der Nullinie liegenden

Querschnittsteile. Nach Gl. (137) ist das Moment dieser Gewichte, bezogen auf die Nullinie, gleich Null.

Die Aufgabe besteht also darin, eine Achse zu finden, für die das Moment aller rechts von dieser Achse liegenden Kräfte $dw$, bezogen auf diese Achse, Null wird.

Lösung: Im Schnittpunkt des ersten Seilstrahles $S_1$ mit dem Polygonenzug des Seileckes wird der Ausdruck $M = H \cdot \xi$ mit $\xi = 0$ zu $M = H \cdot O = 0$. D. h. die gesuchte Achse muß durch den Punkt $B$ gehen. Damit ist die Nullinie $n—n$ für den Querschnitt mit versagender Zugzone gefunden, und die Randspannung $\sigma_r$ ergibt sich nach Gl. (139) zu:

$$\sigma_r = \frac{\dfrac{N \cdot y_r}{\sum_1^7 dF}}{y_0 - \dfrac{\sum_1^7 dw}{\sum_1^7 dF}}. \tag{140}$$

Auch bei Eisenbetonquerschnitten läßt sich dieses Verfahren sinngemäß anwenden[38]). Bei beliebig gestalteten Querschnitten mit beliebiger Lage des Kraftangriffspunktes $A$ muß man zunächst die Lage der Nullinie schätzungsweise annehmen und nach Durchführung des Verfahrens prüfen, ob die Mittelkraft der Spannungen $\sigma$ nach Lage und Größe mit der angreifenden Kraft $N$ übereinstimmt. Dieses Probierverfahren ist bis zur Übereinstimmung zu wiederholen.

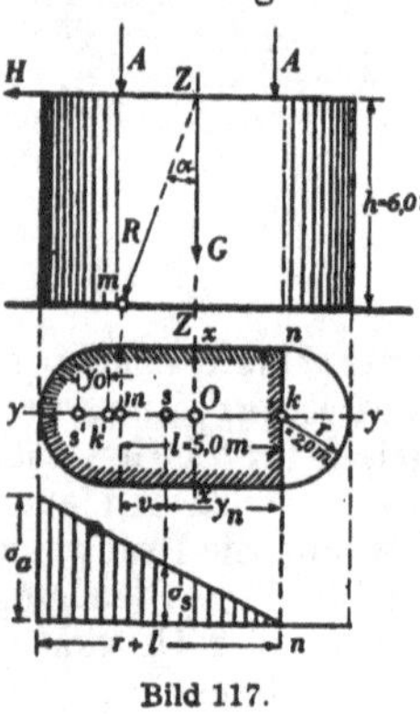

Bild 117.

15. Beispiel. Ein Brückenpfeiler (Bild 117) steht ohne Mörtelverbindung auf einer waagerecht abgeglichenen Grundmauer. Sein Raumgewicht beträgt 2000 kg/m³. Der Pfeiler trägt zwei in der $YZ$-Ebene und parallel zu $ZZ$ gelegene Latsen $A$ von je 24,6 t.

[38]) s. Schrifttum Nr. 15.

Wie groß muß eine in der Symmetrieebene $YZ$ und in der Pfeilerkrone wirkende Kraft $H$ sein, damit die Nullinie $n - n$ in der Pfeilergrundfläche durch den Mittelpunkt $k$ des Kreises läuft, der den Pfeilerquerschnitt abschließt? Wie groß ist dann die Randspannung $\sigma_a$?

Mit

$$\frac{J_n}{S_n} = \frac{\frac{1}{2} r^4 \cdot \pi - \frac{1}{2} \cdot r^2 \cdot \pi \cdot y_0^2 + \frac{1}{2} r^2 \cdot \pi (y_0 + l)^2 + \frac{2 \cdot r \cdot l^3}{3}}{\frac{1}{2} \cdot r^2 \cdot \pi (y_0 + l) + \frac{2 \cdot r \cdot l^2}{2}},$$

worin $y_0 = \frac{4 \cdot r}{3 \cdot \pi} = \overline{k's'}$ der Schwerpunktsabstand der Halbkreisfläche mit dem Mittelpunkt $k'$ ist, ergibt sich nach Gl. (126) der Abstand des Kraftangriffspunktes $m$ von der Nullinie zu:

$$v + y_n = \frac{402{,}224}{86{,}750} = 4{,}64\ m.$$

Da mit $m$ der Angriffspunkt der Mittelkraft $R$ aller Lasten bekannt ist, ergibt sich der Winkel $\alpha$, den die Resultierende $R$ mit der Pfeilerachse $ZZ$ einschließt, aus:

$$\tan\alpha = \frac{H}{G + 2 \cdot A} = \frac{v + y_n - \frac{l}{2}}{h};$$

und damit ist

$$H = \frac{v + y_n - \frac{l}{2}}{h} (G + 2 \cdot A).$$

Das Pfeilergewicht $G$ ist:

$$G = 2{,}0 \cdot h (r^2 \cdot \pi + 2 \cdot r \cdot l) = 390{,}8\ \text{t},$$

und damit wird die gesuchte Horizontalkraft

$$\underline{H = 156{,}9\ \text{t}.}$$

Die Randspannung $\sigma_a$ ist bestimmt durch das Verhältnis zur Achsenspannung $\sigma_s$ der Druckzone:

$$\frac{\sigma_a}{\sigma_s} = \frac{r + l}{y_n}.$$

Der Schwerpunktsabstand $y_n$ berechnet sich zu:

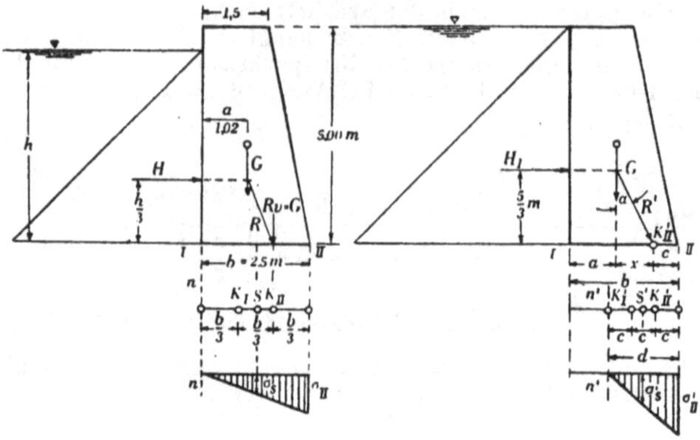

Bild 118a und b.

$$y_n = \frac{\frac{1}{2} \cdot r^2 \cdot \pi \, (y_0 + l) + \frac{2 \cdot r \cdot l^2}{2}}{\frac{1}{2} \cdot r^2 \cdot \pi + 2 \cdot r \cdot l} = 3{,}30 \text{ m}.$$

Ferner ist nach Gl. (105):

$$\sigma_s = \frac{G + 2 \cdot A}{\frac{1}{2} \cdot r^2 \cdot \pi + 2 \cdot r \cdot l}$$

und damit die Randspannung $\sigma_a$:

$$\sigma_a = \frac{r + l}{y_n} \cdot \frac{G + 2 \cdot A}{\frac{1}{2} \cdot r^2 \cdot \pi + 2 \cdot r \cdot l} = \underline{3{,}55 \text{ kg/cm}^2}.$$

16. Beispiel. Wie hoch darf an der in Bild 118 dargestellten Staumauer das Wasser höchstens steigen, wenn in der Sohlfuge I — II keine Zugspannungen auftreten sollen? Wie sieht die Spannungsverteilung bei versagender Zugzone aus, wenn das Wasser bis zur Mauerkrone steigt?

Im Falle, daß keine Zugspannungen auftreten sollen, muß $\sigma_I = 0$ sein, d. h. die Nullinie $n — n$ berührt den Querschnitt in $I$. Dann geht aber die Resultierende $R$ durch den Kernpunkt $K_{II}$. Für diesen Fall lautet die Momentengleichung um I:

$$H \cdot \frac{h}{3} + G \cdot a = R_v \cdot \frac{2}{3} b = G \cdot \frac{2}{3} b .$$

Mit $H = \frac{h^2}{2} \cdot 1{,}0 \cdot 1{,}0$ ergibt sich:

$$\frac{h^3}{6} = G \left( \frac{2}{3} b - a \right)$$

oder

$$h = \sqrt[3]{6 \cdot G \left( \frac{2}{3} b - a \right)} .$$

Mit dem Gewicht der Mauer von 22,0 t/m, dem Schwerpunktsabstand $a = 1{,}02$ m und der Breite der Sohlfuge $b = 2{,}50$ m wird

$$h = \sqrt[3]{6 \cdot 22{,}0 \left( \frac{2}{3}\, 2{,}50 - 1{,}02 \right)} = \underline{4{,}41 \text{ m}}.$$

Die größte Spannung ergibt sich in *II* (nach Bild 104c) zu (s. Bild 118a):

$$\sigma_{II} = 2 \cdot \sigma_s = 2 \cdot \frac{G}{F} = \frac{2 \cdot 22{,}0}{2{,}5 \cdot 1{,}0} = 17{,}6 \text{ t/m}^2 = \underline{1{,}76 \text{kg/cm}^2}.$$

Steht das Wasser bis zur Krone der Mauer, so wird $H_1 = \frac{5{,}0^2}{2} \cdot 1{,}0 \cdot 1{,}0 = 12{,}5$ t/m. Bei versagender Zugzone muß die Nullinie $n' - n'$ die Lage einnehmen, daß die Resultierende $R'$ wieder durch den Kernpunkt $K'_{II}$ der Druckfläche geht. Ist $c$ der Abstand der Resultierenden vom Punkt II, so ist die Druckzone nach Gl. (127) $d = 3 \cdot c$.

Der Abstand $c$ ergibt sich aus (Bild 118b)

$$c = b - a - x,$$

wobei $x$ aus der Neigung der Resultierenden

$$\tan\alpha = \frac{x}{\frac{5}{3}} = \frac{H_1}{G} = \frac{12{,}5}{22{,}0}$$

zu

$$x = \frac{5{,}0 \cdot 12{,}5}{3 \cdot 22{,}0} = 0{,}95 \text{ m}$$

berechnet wird.

Mit

$$c = 2{,}50 - 1{,}02 - 0{,}95 = 0{,}53 \text{ m}$$

wird die Breite der Druckzone

$$d = 3 \cdot c = 1{,}59 \text{ m},$$

und die Randspannung nach Gl. (128)

$$\sigma'_{II} = \frac{2 \cdot G}{d \cdot b} = \frac{2 \cdot 22{,}0}{1{,}59 \cdot 1{,}0} = \underline{2{,}77 \text{ kg/cm}^2}.$$

# Sachregister

# GESAMTVERZEICHNIS

der

# SAMMLUNG GÖSCHEN

Jeder Band DM 3,60 · Doppelband DM 5,80

Stand Januar 1961

WALTER DE GRUYTER & CO., BERLIN W 30

# Inhaltsübersicht

# Geisteswissenschaften

## Philosophie

**Einführung in die Philosophie** von *H. Leisegang †*. 4. Auflage. 145 Seiten. 1960. (281)

**Hauptprobleme der Philosophie** von *G. Simmel †*. 7., unveränderte Auflage. 177 Seiten. 1950. (500)

**Geschichte der Philosophie**

I: Die griechische Philosophie von *W. Capelle*. 1. Teil. Von Thales bis Leukippos. 2., erweiterte Auflage. 135 Seiten. 1953. (857)

II: Die griechische Philosophie von *W. Capelle*. 2. Teil. Von der Sophistik bis zum Tode Platons. 2., stark erweiterte Auflage. 144 Seiten. 1953. (858)

III: Die griechische Philosophie von *W. Capelle*. 3. Teil. Vom Tode Platons bis zur Alten Stoa. 2., stark erweiterte Auflage. 132 Seiten. 1954. (859)

IV: Die griechische Philosophie von *W. Capelle*. 4. Teil. Von der Alten Stoa bis zum Eklektizismus im 1. Jh. v. Chr. 2., stark erweiterte Auflage. 132 Seiten. 1954. (863)

V: Die Philosophie des Mittelalters von *J. Koch*. In Vorbereitung. (826)

VI: Von der Renaissance bis Kant von *K. Schilling*. 234 Seiten. 1954. (394/394 a)

VII: Immanuel Kant von *G. Lehmann*. In Vorbereitung. (536)

VIII: Die Philosophie des 19. Jahrhunderts von *G. Lehmann*. 1. Teil. 151 Seiten. 1953. (571)

IX: Die Philosophie des 19. Jahrhunderts von *G. Lehmann*. 2. Teil. 168 Seiten. 1953. (709)

X: Die Philosophie im ersten Drittel des 20. Jahrhunderts 1. Teil von *G. Lehmann*. 128 Seiten. 1957. (845)

XI: Die Philosophie im ersten Drittel des 20. Jahrhunderts 2. Teil von *G. Lehmann*. 114 Seiten. 1960. (850)

**Die geistige Situation der Zeit** (1931) von *K. Jaspers*. 5., unveränderter Abdruck der im Sommer 1932 bearbeiteten 5. Auflage. 211 Seiten. 1960. (1000)

**Erkenntnistheorie** von *G. Kropp*.

I. Teil: Allgemeine Grundlegung. 143 Seiten. 1950. (807)

**Formale Logik** von *P. Lorenzen*. 165 Seiten. 1958. (1176/1176 a)

**Philosophisches Wörterbuch** von *M. Apel †*. 5., völlig neubearbeitete Auflage von *P. Ludz*. 315 Seiten. 1958. (1031/1031 a)

**Philosophische Anthropologie.** Menschliche Selbstdeutung in Geschichte und Gegenwart von *M. Landmann*. 266 Seiten. 1955. (156/156 a)

## Pädagogik, Psychologie, Soziologie

**Geschichte der Pädagogik** von *Herm. Weimer*. 14., durchgesehene und vermehrte Auflage von *Heinz Weimer*. 178 Seiten. 1960. (145)

**Therapeutische Psychologie.** Ihr Weg durch die Psychoanalyse von *W. M. Kranefeldt*. Mit einer Einführung von *C. G. Jung*. 3. Auflage. 152 Seiten. 1956. (1034)

GEISTESWISSENSCHAFTEN

**Allgemeine Psychologie** von *Th. Erismann.* 3 Bände. 2., neubearbeitete Auflage.
I: Grundprobleme. 146 Seiten. 1958. (831)
II: Grundarten des physischen Geschehens. 248 Seiten. 1959. (832/832a)
III: Psychologie der Persönlichkeit. In Vorbereitung (833)

**Soziologie.** Geschichte und Hauptprobleme von *L. von Wiese.* 6. Auflage. 175 Seiten. 1960. (101)

**Sozialpsychologie** von *P. R. Hofstätter.* 181 Seiten, 15 Abbildungen, 22 Tabellen. 1956. (104/104a)

**Psychologie des Berufs- und Wirtschaftslebens** von *W. Moede †.* 190 Seiten, 48 Abbildungen. 1958. (851/851a)

**Industrie- und Betriebssoziologie** von *R. Dahrendorf.* 120 Seiten. 1956. (103)

## Religionswissenschaften

**Jesus** von *M. Dibelius †.* 3. Auflage, mit einem Nachtrag von *W. G. Kümmel.* 140 Seiten. 1960. (1130)

**Paulus** von *M. Dibelius †.* Nach dem Tode des Verfassers herausgegeben und zu Ende geführt von *W. G. Kümmel.* 2., durchgesehene Auflage. 155 Seiten. 1956. (1160)

**Luther** von *F. Lau.* 151 Seiten. 1959. (1187)

**Melanchthon** von *R. Stupperich.* 139 Seiten. 1960. (1190)

**Geschichte Israels.** Von den Anfängen bis zur Zerstörung des Tempels (70 n. Chr.) von *E. L. Ehrlich.* 158 Seiten, 1 Tafel. 1958. (231/231a)

**Römische Religionsgeschichte** von *F. Altheim.* 2 Bände. 2., umgearbeitete Auflage.
I: Grundlagen und Grundbegriffe. 116 Seiten. 1956. (1035)
II: Der geschichtliche Ablauf. 164 Seiten. 1956. (1052)

## Musik

**Musikästhetik** von *H. J. Moser.* 180 Seiten. Mit zahlreichen Notenbeispielen. 1953. (344)

**Systematische Modulation** von *R. Hernried.* 2. Auflage. 136 Seiten. Mit zahlreichen Notenbeispielen. 1950. (1094)

**Der polyphone Satz** von *E. Pepping.* 2 Bände.
I: Der cantus-firmus-Satz. 2. Auflage. 223 Seiten. Mit zahlreichen Notenbeispielen. 1950. (1148)
II: Übungen im doppelten Kontrapunkt und im Kanon. 137 Seiten. Mit zahlreichen Notenbeispielen. 1957. (1164/1164a)

**Allgemeine Musiklehre** von *H. J. Moser.* 2., durchgesehene Auflage. 155 Seiten. Mit zahlreichen Notenbeispielen. 1955. (220/220a)

**Harmonielehre** von *H. J. Moser.* 2 Bände.
I: 109 Seiten. Mit 120 Notenbeispielen. 1954. (809)

**Die Musik des 19. Jahrhunderts** von *W. Oehlmann.* 180 Seiten. 1953. (170)

**Die Musik des 20. Jahrhunderts** von *W. Oehlmann.* In Vorbereitung. (171/171a)

**Technik der deutschen Gesangskunst** von *H. J. Moser.* 3., durchgesehene und verbesserte Auflage. 144 Seiten, 5 Figuren sowie Tabellen und Notenbeispiele. 1954. (576/576a)

**Die Kunst des Dirigierens** von *H. W. von Waltershausen †*. 2., vermehrte Auflage. 138 Seiten. Mit 19 Notenbeispielen. 1954. (1147)

**Die Technik des Klavierspiels** aus dem Geiste des musikalischen Kunstwerkes von *K. Schubert †*. 3. Auflage. 110 Seiten. Mit Notenbeispielen. 1954. (1045)

## Kunst

**Stilkunde** von *H. Weigert*. 2 Bände. 3., durchgesehene und ergänzte Auflage.
I: Vorzeit, Antike, Mittelalter. 136 Seiten, 94 Abbildungen. 1958. (80)
II: Spätmittelalter und Neuzeit. 150 Seiten, 88 Abbildungen. 1958. (781)

**Archäologie** von *A. Rumpf*. 2 Bände.
I: Einleitung, historischer Überblick. 143 Seiten, 6 Abbildungen, 12 Tafeln. 1953. (538)
II: Die Archäologensprache. Die antiken Reproduktionen. 136 Seiten, 7 Abbildungen, 12 Tafeln. 1956. (539)

## Geschichte

**Einführung in die Geschichtswissenschaft** von *P. Kirn*. 3., durchgesehene Auflage. 128 Seiten. 1959. (270)

**Zeitrechnung der römischen Kaiserzeit, des Mittelalters und der Neuzeit für die Jahre 1—2000 n. Chr.** von *H. Lietzmann †*. 3. Auflage, durchgesehen von *K. Aland*. 130 Seiten. 1956. (1085)

**Kultur der Urzeit** von *F. Behn*. 3 Bände. 4. Auflage der Kultur der Urzeit Bd. 1—3 von *M. Hoernes*.
I: Die vormetallischen Kulturen. (Die Steinzeiten Europas. Gleichartige Kulturen in anderen Erdteilen.) 172 Seiten, 48 Abbildungen. 1950. (564)
II: Die älteren Metallkulturen. (Der Beginn der Metallbenutzung. Kupfer- und Bronzezeit in Europa, im Orient und in Amerika.) 160 Seiten, 67 Abbildungen. 1950. (565)
III: Die jüngeren Metallkulturen. (Das Eisen als Kulturmetall, Hallstatt-Latène-Kultur in Europa. Das erste Auftreten des Eisens in den anderen Weltteilen.) 149 Seiten, 60 Abbildungen. 1950. (566)

**Vorgeschichte Europas** von *F. Behn*. Völlig neue Bearbeitung der 7. Auflage der „Urgeschichte der Menschheit" von *M. Hoernes*. 125 Seiten, 47 Abbildungen. 1949. (42)

**Der Eintritt der Germanen in die Geschichte** von *J. Haller †*. 3. Auflage, durchgesehen von *H. Dannenbauer*. 120 Seiten, 6 Kartenskizzen. 1957. (1117)

**Von den Karolingern zu den Staufern.** Die altdeutsche Kaiserzeit (900—1250) von *J. Haller †*. 4., durchgesehene Auflage von *H. Dannenbauer*. 142 Seiten, 4 Karten. 1958. (1065)

**Von den Staufern zu den Habsburgern.** Auflösung des Reichs und Emporkommen der Landesstaaten (1250—1519) von *J. Haller †*. 2., durchgesehene Auflage von *H. Dannenbauer*. 118 Seiten, 6 Kartenskizzen. 1960. (1077)

**Deutsche Geschichte** im Zeitalter der Reformation, der Gegenreformation und des dreißigjährigen Krieges von *F. Hartung*. 129 Seiten. 1951. (1105)

**Deutsche Geschichte von 1648 – 1740.** Politischer und geistiger Wiederaufbau von *W. Treue*. 120 Seiten. 1956. (35)

**Deutsche Geschichte von 1713 – 1806.** Von der Schaffung des europäischen Gleichgewichts bis zu Napoleons Herrschaft von *W. Treue*. 168 Seiten. 1957. (39)

**Deutsche Geschichte von 1806 – 1890.** Vom Ende des alten bis zur Höhe des neuen Reiches. Von *W. Treue*. 127 Seiten. 1961. (893)

**Deutsche Geschichte von 1890 bis zur Gegenwart** von *W. Treue*. In Vorbereitung. (894)

**Quellenkunde der Deutschen Geschichte im Mittelalter** (bis zur Mitte des 15. Jahrhunderts) von *K. Jacob* †. 3 Bände.

I: Einleitung. Allgemeiner Teil. Die Zeit der Karolinger. 6. Auflage, bearbeitet von *H. Hohenleutner*. 127 Seiten. 1959. (279)

II: Die Kaiserzeit (911—1250). 5., neubearbeitete Auflage von *H. Hohenleutner*. 127 Seiten. 1961. (280)

III: Das Spätmittelalter (vom Interregnum bis 1500). Herausgegeben von *F. Weden*. 152 Seiten. 1952. (284)

**Geschichte Englands** von *H. Preller*. 2 Bände.

I: bis 1815. 3., stark umgearbeitete Auflage. 135 Seiten, 7 Stammtafeln, 2 Karten. 1952. (375)

II: Von 1815 bis 1910. 2., völlig umgearbeitete Auflage. 118 Seiten, 1 Stammtafel, 7 Karten. 1954. (1088)

**Römische Geschichte** von *F. Altheim*. 4 Bände. 2., verbesserte Auflage.

I: Bis zur Schlacht bei Pydna (168 v. Chr.). 124 Seiten. 1956. (19)

II: Bis zur Schlacht bei Actium (31 v. Chr.). 129 Seiten. 1956. (677)

III: Bis zur Schlacht an der Milvischen Brücke (312 n. Chr.). 148 Seiten. 1958. (679)

IV: Bis zur Schlacht am Yarmuk (636 n. Chr.). In Vorbereitung. (684)

**Geschichte der Vereinigten Staaten von Amerika** von *O. Graf zu Stolberg-Wernigerode*. 192 Seiten, 10 Karten. 1956. (1051/1051a)

## Deutsche Sprache und Literatur

**Geschichte der Deutschen Sprache** von *H. Sperber*. 3. Auflage, besorgt von *W. Fleischhauer*. 128 Seiten. 1958. (915)

**Deutsches Rechtschreibungswörterbuch** von *M. Gottschald* †. 2., verbesserte Auflage. 219 Seiten. 1953. (200/200a)

**Deutsche Wortkunde.** Kulturgeschichte des deutschen Wortschatzes von *A. Schirmer*. 4. Auflage von *W. Mitzka*. 123 Seiten. 1960. (929)

**Deutsche Sprachlehre** von *W. Hofstaetter*. 10. Auflage. Völlige Umarbeitung der 8. Auflage. 150 Seiten. 1960. (20)

**Stimmkunde** für Beruf, Kunst und Heilzwecke von *H. Biehle*. 111 Seiten. 1955. (60)

**Redetechnik.** Einführung in die Rhetorik von *H. Biehle*. 115 Seiten. 1954. (61)

**Sprechen und Sprachpflege** (Die Kunst des Sprechens) von *H. Feist*. 2., verbesserte Auflage. 99 Seiten, 25 Abbildungen. 1952. (1122)

**Deutsches Dichten und Denken von der germanischen bis zur staufischen Zeit** von *H. Naumann* †. (Deutsche Literaturgeschichte vom 5.—13. Jahrhundert.) 2., verbesserte Auflage. 166 Seiten. 1952. (1121)

**Deutsches Dichten und Denken vom Mittelalter zur Neuzeit** von *G. Müller* (1270 bis 1700). 2., durchgesehene Auflage. 159 Seiten. 1949. (1086)

**Deutsches Dichten und Denken von der Aufklärung bis zum Realismus** (Deutsche Literaturgeschichte von 1700—1890) von *K. Viëtor* †. 3., durchgesehene Auflage. 159 Seiten. 1958. (1096)

**Der Nibelunge Nôt** in Auswahl mit kurzem Wörterbuch von *K. Langosch.* 10., durchgesehene Auflage. 164 Seiten. 1956. (1)

**Kudrun und Dietrich-Epen** in Auswahl mit Wörterbuch von *O. L. Jiriczek.* 6. Auflage, bearbeitet von *R. Wisniewski.* 173 Seiten. 1957. (10)

**Wolfram von Eschenbach. Parzival.** Eine Auswahl mit Anmerkungen und Wörterbuch von *H. Jantzen.* 2. Auflage, bearbeitet von *H. Kolb.* 128 Seiten. 1957. (921)

**Hartmann von Aue. Der arme Heinrich** nebst einer Auswahl aus der „Klage", dem „Gregorius" und den Liedern (mit einem Wörterverzeichnis) herausgegeben von *F. Maurer.* 96 Seiten. 1958. (18)

**Gottfried von Strassburg** in Auswahl herausgegeben von *F. Maurer.* 142 Seiten. 1959. (22)

**Die deutschen Personennamen** von *M. Gottschald †.* 2., verbesserte Auflage. 151 Seiten. 1955. (422)

**Mittelhochdeutsche Grammatik** von *H. de Boor* und *R. Wisniewski.* 2., verbesserte und ergänzte Auflage. 142 Seiten. 1960. (1108)

## Indogermanisch, Germanisch

**Indogermanische Sprachwissenschaft** von *H. Krahe.* 2 Bände. 3., neubearbeitete Auflage.
I: Einleitung und Lautlehre. 106 Seiten. 1958. (59)
II: Formenlehre. 124 Seiten. 1959. (64)

**Gotisches Elementarbuch.** Grammatik, Texte mit Übersetzung und Erläuterungen. Mit einer Einleitung von *H. Hempel.* 3. Auflage. 1961. In Vorbereitung (79)

**Germanische Sprachwissenschaft** von *H. Krahe.* 2 Bände. 4., überarbeitete Auflage.
I: Einleitung und Lautlehre. 147 Seiten. 1960. (238)
II: Formenlehre. 4., überarbeitete Auflage. 149 Seiten. 1961. (780)

**Altnordisches Elementarbuch.** Schrift, Sprache, Texte mit Übersetzung und Wörterbuch von *F. Ranke.* 2., durchgesehene Auflage. 146 Seiten. 1949. (1115)

## Englisch, Romanisch

**Altenglisches Elementarbuch** von *M. Lehnert.* Einführung, Grammatik, Texte mit Übersetzung und Wörterbuch. 4., verbesserte Auflage. 178 Seiten. 1959. (1125)

**Historische neuenglische Laut- und Formenlehre** von *E. Ekwall.* 3., durchgesehene Auflage. 150 Seiten. 1956. (735)

**Englische Phonetik** von *H. Mutschmann †.* 117 Seiten. 1956. (601)

**Englische Literaturgeschichte** von *F. Schubel.* 4 Bände.
I: Die alt- und mittelenglische Periode. 163 Seiten. 1954. (1114)
II: Von der Renaissance bis zur Aufklärung. 160 Seiten. 1956. (1116)
III: Romantik und Viktorianismus. 160 Seiten. 1960. (1124)

**Beowulf** von *M. Lehnert.* Eine Auswahl mit Einführung, teilweiser Übersetzung, Anmerkungen und etymologischem Wörterbuch. 3., verbesserte Auflage. 135 Seiten. 1959. (1135)

**Shakespeare** von *P. Meißner †*. 2. Auflage, neubearbeitet von *M. Lehnert*. 136 Seiten. 1954. (1142)
**Italienische Literaturgeschichte** von *K. Voßler †*. 5. Auflage, neubearbeitet von *A. Noyer-Weidner*. In Vorbereitung. (125)
**Geschichte der römischen Literatur** von *L. Bieler*. 2 Bände.
I: Die Literatur der Republik. 160 Seiten. 1961. (52)
II: Die Literatur der Kaiserzeit. 133 Seiten. 1961. (866)
**Romanische Sprachwissenschaft** von *H. Lausberg*. 2 Bände.
I: Einleitung und Vokalismus. 160 Seiten. 1956. (128/128a)
II: Konsonantismus. 95 Seiten. 1956. (250)

## Griechisch, Lateinisch

**Griechische Sprachwissenschaft** von *W. Brandenstein*. 2 Bände.
I: Einleitung, Lautsystem, Etymologie. 160 Seiten. 1954. (117)
II: Wortbildung und Formenlehre. 192 Seiten. 1959. (118/118a)
**Geschichte der griechischen Sprache**. 2 Bände.
I: Bis zum Ausgang der klassischen Zeit von *O. Hoffmann †*. 3. Auflage, bearbeitet von *A. Debrunner †*. 156 Seiten. 1953. (111)
II: Grundfragen und Grundzüge des nachklassischen Griechisch von *A. Debrunner †*. 144 Seiten. 1954. (114)
**Geschichte der griechischen Literatur** von *W. Nestle*. 2 Bände.
I: 3. Auflage bearb. von *W. Liebich*. 1961. In Vorbereitung. (70)
**Grammatik der neugriechischen Volkssprache** von *J. Kalitsunakis*. 3., völlig neubearbeitete und erweiterte Auflage. 1961. In Vorbereitung. (756/756a)
**Neugriechisch-deutsches Gesprächsbuch** von *J. Kalitsunakis*. 2. Auflage, bearbeitet von *A. Steinmetz*. 99 Seiten. 1960. (587)

## Hebräisch, Sanskrit, Russisch

**Hebräische Grammatik** von *G. Beer †*. 2 Bände. 2., völlig neubearbeitete Auflage von *R. Meyer*.
I: Schrift-, Laut- und Formenlehre I. 157 Seiten. 1952. (763/763a)
II: Formenlehre II. Syntax und Flexionstabellen. 195 Seiten. 1955. (764/764a)
**Hebräisches Textbuch** zu *G. Beer-R. Meyer*, Hebräische Grammatik von *R. Meyer*. 170 Seiten. 1960. (769/769a)
**Sanskrit-Grammatik** von *M. Mayrhofer*. 89 Seiten. 1953. (1158)
**Russische Grammatik** von *E. Berneker †*. 7., unveränderte Auflage von *M. Vasmer*. 155 Seiten. 1961. (66)
**Einführung in die slavische Sprachwissenschaft** von *H. Bräuer*. 2 Bände.
I: Einleitung und Lautlehre. 1961. In Vorbereitung. (1191)

## Erd- und Länderkunde

**Afrika** von *F. Jaeger*. Ein geographischer Überblick. 2 Bände. 2., umgearbeitete Auflage.
I: Der Lebensraum. 179 Seiten, 18 Abbildungen. 1954. (910)
II: Mensch und Kultur. 155 Seiten, 6 Abbildungen. 1954. (911)
**Australien und Ozeanien** von *H. J. Krug*. 176 Seiten, 46 Skizzen. 1953. (319)

## Volkswirtschaft, Statistik, Publizistik

**Allgemeine Betriebswirtschaftslehre** von *K. Mellerowicz*. 4 Bände. 10., erweiterte und veränderte Auflage.
I: 224 Seiten. 1958. (1008/1008 a) II: 188 Seiten. 1959. (1153/1153 a)
III: 260 Seiten. 1959. (1154/1154 a) IV: 209 Seiten. 1959. (1186/1186 a)
Diese 4 Bände sind auch in Ganzleinen (Bd. I nur noch) gebunden zum Preise von je DM 6,30 lieferbar.

**Geschichte der Volkswirtschaftslehre** von *S. Wendt*. 1961. In Vorbereitung. (1194)

**Allgemeine Volkswirtschaftslehre** von *A. Paulsen*. 4 Bände.
I: Grundlegung, Wirtschaftskreislauf. 3., durchgesehene und ergänzte Auflage. 148 Seiten. 1959. (1169)
II: Haushalte, Unternehmungen, Marktformen. 3., neubearbeitete Auflage. 166 Seiten, 32 Abbildungen. 1960. (1170)
III: Produktionsfaktoren. 3., durchgesehene Auflage. 200 Seiten. 1961. (1171)
IV: Gesamtbeschäftigung, Konjunkturen, Wachstum. 172 Seiten. 1960. (1172)

**Finanzwissenschaft** von *H. Kolms*. 4 Bände.
I: Grundlegung, Öffentliche Ausgaben. 160 Seiten. 1959. (148)
II: Erwerbseinkünfte, Gebühren und Beiträge; Allgemeine Steuerlehre. 148 Seiten. 1960. (391)
III: Besondere Steuerlehre. In Vorbereitung. (776)
IV: Öffentlicher Kredit. Haushaltswesen. Finanzausgleich. In Vorbereitung. (782)

**Finanzmathematik** von *M. Nicolas*. 192 Seiten, 11 Tafeln, 8 Tabellen und 72 Beispiele. 1959. (1183/1183 a)

**Industrie- und Betriebssoziologie** von *R. Dahrendorf*. 120 Seiten. 1956. (103)

**Wirtschaftssoziologie** von *F. Fürstenberg*. 122 Seiten. 1961. (1193)

**Psychologie des Berufs- und Wirtschaftslebens** von *W. Moede †*. 190 Seiten, 48 Abbildungen. 1958. (851/851 a)

**Allgemeine Methodenlehre der Statistik** von *J. Pfanzagl*. 2 Bände.
I: Elementare Methoden unter besonderer Berücksichtigung der Anwendungen in den Wirtschafts- und Sozialwissenschaften. 205 Seiten, 35 Abbildungen. 1960. (746/746 a)
II: Höhere Methoden unter besonderer Berücksichtigung der Anwendungen in Naturwissenschaft, Medizin und Technik. In Vorbereitung. (747/747 a)

**Zeitungslehre** von *E. Dovifat*. 2 Bände. 3., neubearbeitete Auflage.
I: Theoretische und rechtliche Grundlagen — Nachricht und Meinung — Sprache und Form. 148 Seiten. 1955. (1039)
II: Redaktion — Die Sparten: Verlag und Vertrieb, Wirtschaft und Technik, Sicherung der öffentlichen Aufgabe. 158 Seiten. 1955. (1040)

# Naturwissenschaften

## Mathematik

**Geschichte der Mathematik** von *J. E. Hofmann*. 3 Bände.
I: Von den Anfängen bis zum Auftreten von Fermat und Descartes. 200 Seiten. 1953. (226)
II: Von Fermat und Descartes bis zur Erfindung des Calculus und bis zum Ausbau der neuen Methoden. 109 Seiten. 1957. (875)
III: Von den Auseinandersetzungen um den Calculus bis zur französischen Revolution. 107 Seiten. 1957. (882)

**Mathematische Formelsammlung** von *F. O. Ringleb*. 7., erweiterte Auflage. 320 Seiten, 40 Figuren. 1960. (51/51a)

**Vierstellige Tafeln und Gegentafeln** für logarithmisches und trigonometrisches Rechnen in zwei Farben zusammengestellt von *H. Schubert* und *R. Haussner*. 3., neubearbeitete Auflage von *J. Erlebach*. 158 Seiten. 1960. (81)

**Fünfstellige Logarithmen** von *A. Adler*. Mit mehreren graphischen Rechentafeln und häufig vorkommenden Zahlenwerten. 3. Auflage. 127 Seiten, 1 Tafel. 1959. (423)

**Arithmetik** von *P. B. Fischer †*. 3. Auflage von *H. Rohrbach*. 152 Seiten, 19 Abbildungen. 1958. (47)

**Höhere Algebra** von *H. Hasse*. 2 Bände. 4., durchgesehene Auflage.
I: Lineare Gleichungen. 152 Seiten. 1957. (931)
II: Gleichungen höheren Grades. 158 Seiten, 5 Figuren. 1958. (932)

**Aufgabensammlung zur höheren Algebra** von *H. Hasse* und *W. Klobe*. 2., verbesserte und vermehrte Auflage. 181 Seiten. 1952. (1082)

**Elementare und klassische Algebra vom modernen Standpunkt** von *W. Krull*. 2 Bände.
I: 2., erweiterte Auflage. 136 Seiten. 1952. (930)
II: 132 Seiten. 1959. (933)

**Algebraische Kurven und Flächen** von *W. Burau*. 28 Figuren. 1961. In Vorbereitung. (435)

**Einführung in die Zahlentheorie** von *A. Scholz †*. Überarbeitet und herausgegeben von *B. Schoeneberg*. 3. Auflage. 1961. In Vorbereitung. (1131)

**Formale Logik** von *P. Lorenzen*. 165 Seiten. 1958. (1176/1176a)

**Topologie** von *W. Franz*. 2 Bände.
I: Allgemeine Topologie. 144 Seiten, 9 Figuren. 1960. (1181)

**Elemente der Funktionentheorie** von *K. Knopp †*. 5. Auflage. 144 Seiten, 23 Fig. 1959. (1109)

**Funktionentheorie** von *K. Knopp †*. 2 Bände.
I: Grundlagen der allgemeinen Theorie der analytischen Funktionen. 9., neubearbeitete Auflage. 144 Seiten, 8 Figuren. 1957. (668)
II: Anwendungen und Weiterführung der allgemeinen Theorie. 8./9. Auflage. 130 Seiten, 7 Figuren. 1955. (703)

**Aufgabensammlung zur Funktionentheorie** von *K. Knopp †*. 2 Bände. 5. Auflage.
I: Aufgaben zur elementaren Funktionentheorie. 135 Seiten. 1957. (877)
II: Aufgaben zur höheren Funktionentheorie. 151 Seiten. 1959. (878)

**Differential- und Integralrechnung** von *M. Barner*. (Früher *Witting*). 4 Bände.
I: Grenzwertbegriff, Differentialrechnung. 1961. In Vorbereitung. (86)

**Gewöhnliche Differentialgleichungen** von *G. Hoheisel*. 6., neubearbeitete und erweiterte Auflage. 128 Seiten. 1960. (920)

**Partielle Differentialgleichungen** von *G. Hoheisel*. 4., durchgesehene Auflage. 128 Seiten. 1960. (1003)

**Aufgabensammlung zu den gewöhnlichen und partiellen Differentialgleichungen** von *G. Hoheisel*. 3., durchgesehene und verbesserte Auflage. 124 Seiten. 1958. (1059)

**Integralgleichungen** von *G. Hoheisel*. 2., durchgesehene Auflage. 1961. In Vorbereitung. (1099)

**Mengenlehre** von *E. Kamke*. 3., neubearbeitete Auflage. 194 Seiten, 6 Figuren. 1955. (999/999a)

**Gruppentheorie** von *L. Baumgartner*. 3., neubearbeitete Auflage. 110 Seiten, 3 Tafeln. 1958. (837)

**Ebene und sphärische Trigonometrie** von *G. Hessenberg* †. 5. Auflage, durchgesehen von *H. Kneser*. 172 Seiten, 60 Figuren. 1957. (99)

**Darstellende Geometrie** von *W. Haack*. 3 Bände.
I: Die wichtigsten Darstellungsmethoden. Grund- und Aufriß ebenflächiger Körper. 3., durchgesehene und ergänzte Auflage. 113 Seiten, 120 Abbildungen. 1960. (142)
II: Körper mit krummen Begrenzungsflächen. Kotierte Projektionen. 2., durchgesehene und ergänzte Auflage. 129 Seiten, 86 Abbildungen. 1959. (143)
III: Axonometrie und Perspektive. 127 Seiten, 100 Abbildungen. 1957. (144)

**Analytische Geometrie** von *K. P. Grotemeyer*. 202 Seiten, 73 Abbildungen. 1958. (65/65a)

**Nichteuklidische Geometrie.** Hyperbolische Geometrie der Ebene von *R. Baldus* †. Durchgesehen und herausgegeben von *F. Löbell*. 3., verbesserte Auflage. 140 Seiten, 70 Figuren. 1953. (970)

**Differentialgeometrie** von *K. Strubecker* (früher *Rothe*). 3 Bände.
I: Kurventheorie der Ebene und des Raumes. 150 Seiten, 18 Figuren. 1955. (1113/1113a)
II: Theorie der Flächenmetrik. 195 Seiten, 14 Figuren. 1958. (1179/1179a)
III: Theorie der Flächenkrümmung. 254 Seiten, 38 Figuren. 1959. (1180/1180a)

**Variationsrechnung I** von *L. Koschmieder*. 2., verbesserte Auflage. Mit 23 Figuren. 1961. In Vorbereitung. (1074)

**Einführung in die konforme Abbildung** von *L. Bieberbach*. 5., erweiterte Auflage. 180 Seiten, 42 Figuren. 1956. (768/768a)

**Vektoren und Matrizen** von *S. Valentiner*. 2. Auflage. (9., erweiterte Auflage der „Vektoranalysis"). Mit Anhang: Aufgaben zur Vektorrechnung von *H. König*. 202 Seiten, 35 Figuren. 1960. (354/354a)

**Versicherungsmathematik** von *F. Böhm*. 2 Bände.
I: Elemente der Versicherungsrechnung. 3., vermehrte und verbesserte Auflage. Durchgesehener Neudruck. 151 Seiten. 1953. (180)
II: Lebensversicherungsmathematik. Einführung in die technischen Grundlagen der Sozialversicherung. 2., verbesserte und vermehrte Auflage. 205 Seiten. 1953. (917/917a)

**Finanzmathematik** von *M. Nicolas*. 192 Seiten, 11 Tafeln, 8 Tabellen und 72 Beispiele. 1959. (1183/1183a)

NATURWISSENSCHAFTEN

## Physik

**Einführung in die theoretische Physik** von *W. Döring*. 5 Bände.
I: Mechanik. 2., verbesserte Auflage. 123 Seiten, 25 Abbildungen. 1960. (76)
II: Das elektromagnetische Feld. 2., verbesserte Auflage. 1961. In Vorbereitung. (77)
III: Optik. 117 Seiten, 32 Abbildungen. 1956. (78)
IV: Thermodynamik. 107 Seiten, 9 Abbildungen. 1956. (374)
V: Statistische Mechanik. 114 Seiten, 12 Abbildungen. 1957. (1017)

**Mechanik deformierbarer Körper** von *M. Päsler*. 199 Seiten, 48 Abbildungen. 1960. (1189/1189a)

**Atomphysik** von *K. Bechert* und *Ch. Gerthsen* †. 7 Bände.
I: Allgemeine Grundlagen. 1. Teil. 4., durchgesehene Auflage von *A. Flammersfeld*. 124 Seiten, 35 Abbildungen. 1959. (1009)
II: Allgemeine Grundlagen. 2. Teil. 4. Auflage. 1961. In Vorber. (1033)
III: Theorie des Atombaus. 1. Teil. 4., umgearbeitete Auflage. 148 Seiten, 16 Abbildungen. 1961. In Vorbereitung (1123/1123a)
IV: Theorie des Atombaus. 2. Teil. 3., umgearbeitete Auflage. 170 Seiten, 14 Abbildungen. 1954. (1165/1165a)

**Differentialgleichungen der Physik** von *F. Sauter*. 3., durchgesehene und ergänzte Auflage. 148 Seiten, 16 Figuren. 1958. (1070)

**Physikalische Formelsammlung** von *G. Mahler* †. Neubearbeitet von K. *Mahler*. 10., durchgesehene Auflage. 153 Seiten, 69 Figuren. 1959. (136)

**Physikalische Aufgabensammlung** von *G. Mahler* †. Neubearbeitet von *K. Mahler*. Mit den Ergebnissen. 10., durchgesehene Auflage. 127 Seiten. 1959. (243)

## Chemie

**Geschichte der Chemie** in kurzgefaßter Darstellung von *G. Lockemann*. 2 Bände.
I: Vom Altertum bis zur Entdeckung des Sauerstoffs. 142 Seiten, 8 Bildnisse. 1950. (264)
II: Von der Entdeckung des Sauerstoffs bis zur Gegenwart. 151 Seiten, 16 Bildnisse. 1955. (265/265a)

**Anorganische Chemie** von *W. Klemm*. 11. Auflage. 185 Seiten, 18 Abbildungen. 1960. (37)

**Organische Chemie** von *W. Schlenk*. 8., erweiterte Auflage. 272 Seiten, 16 Abbildungen. 1960. (38/38a)

**Physikalische Methoden der Organischen Chemie** von *G. Kresze*. 1961. In Vorbereitung. (44)

**Allgemeine und physikalische Chemie** von *W. Schulze*. 2 Bände.
I: 5., durchgesehene Auflage. 139 Seiten, 10 Figuren. 1960. (71)
II: 5., verbesserte Auflage. 178 Seiten, 37 Figuren. 1961. (698/698a)

**Molekülbau.** Theoretische Grundlagen und Methoden der Strukturermittlung von *W. Schulze*. 123 Seiten, 43 Figuren. 1958. (786)

**Physikalisch-chemische Rechenaufgaben** von *E. Asmus*. 3., verbesserte Auflage. 96 Seiten. 1958. (445)

**Maßanalyse.** Theorie und Praxis der klassischen und der elektrochemischen Titrierverfahren von *G. Jander* und *K. F. Jahr*. 8., durchgesehene und ergänzte Auflage. 313 Seiten, 49 Figuren. 1959. (221/221a)

**Qualitative Analyse** von *H. Hofmann* u. *G. Jander*. 308 Seiten, 5 Abbildungen. 1960. (247/247a)

**Thermochemie** von *W. A. Roth †*. 2., verbesserte Auflage. 109 Seiten, 16 Figuren. 1952. (1057)
**Stöchiometrische Aufgabensammlung** von *W. Bahrdt †* und *R. Scheer*. Mit den Ergebnissen. 7., durchgesehene Auflage. 119 Seiten. 1960. (452)
**Elektrochemie und ihre physikalisch-chemischen Grundlagen** von *A. Dassler*. 2 Bände.
II: 178 Seiten, 17 Abbildungen. 1950. (253)

## Technologie

**Die Chemie der Kunststoffe** von *K. Hamann*, unter Mitarbeit von *W. Funke* und *H. D. Hermann*. 143 Seiten. 1960. (1173)
**Warenkunde** von *K. Hassak* und *E. Beutel †*. 2 Bände.
I: Anorganische Waren sowie Kohle und Erdöl. 8. Auflage. Neubearbeitet von *A. Kutzelnigg*. 119 Seiten, 18 Figuren. 1958. (222)
II: Organische Waren. 8. Auflage. Vollständig neubearbeitet von *A. Kutzelnigg*. 157 Seiten, 32 Figuren. 1959. (223)
**Die Fette und Öle** von *Th. Klug*. 6., völlig neubearbeitete und verbesserte Auflage. 143 Seiten. 1961. (335)
**Die Seifenfabrikation** von *K. Braun †*. 3., neubearbeitete und verbesserte Auflage von *Th. Klug*. 116 Seiten, 18 Abbildungen. 1953. (336)
**Textilindustrie** von *A. Blümcke*.
I: Spinnerei und Zwirnerei. 111 Seiten, 43 Abbildungen. 1954. (184)

## Biologie

**Einführung in die allgemeine Biologie** und ihre philosophischen Grund- und Grenzfragen von *M. Hartmann*. 132 Seiten, 2 Abbildungen. 1956. (96)
**Hormone** von *G. Koller*. 2., neubearbeitete und erweiterte Auflage. 187 Seiten, 60 Abbildungen, 19 Tabellen. 1949. (1141)
**Fortpflanzung im Tier- und Pflanzenreich** von *J. Hämmerling*. 2., ergänzte Auflage. 135 Seiten, 101 Abbildungen. 1951. (1138)
**Geschlecht und Geschlechtsbestimmung im Tier- und Pflanzenreich** von *M. Hartmann*. 2., verbesserte Auflage. 116 Seiten, 61 Abbildungen, 7 Tabellen. 1951. (1127)
**Symbiose der Tiere mit pflanzlichen Mikroorganismen** von *P. Buchner*. 2., verbesserte und vermehrte Auflage. 130 Seiten, 121 Abbildungen. 1949. (1128)
**Grundriß der Allgemeinen Mikrobiologie** von *W.* u. *A. Schwartz*. 2 Bände. 2., verbesserte und ergänzte Auflage.
I: 147 Seiten, 25 Abbildungen. 1960. (1155)
II: 142 Seiten, 29 Abbildungen. 1961. (1157)

## Botanik

**Entwicklungsgeschichte des Pflanzenreiches** von *H. Heil*. 2. Auflage. 138 Seiten, 94 Abbildungen, 1 Tabelle. 1950. (1137)
**Morphologie der Pflanzen** von *L. Geitler*. 3., umgearbeitete Auflage. 126 Seiten, 114 Abbildungen. 1953. (141)

**Pflanzengeographie** von *L. Diels †*. 5., völlig neubearbeitete Auflage von *F. Mattick*. 195 Seiten, 2 Karten. 1958. (389/389a)

**Die Laubhölzer.** Kurzgefaßte Beschreibung der in Mitteleuropa gedeihenden Laubbäume und Sträucher von *F. W. Neger †* und *E. Münch †*. 3., durchgesehene Auflage, herausgegeben von *B. Huber*. 143 Seiten, 63 Figuren, 7 Tabellen. 1950. (718)

**Die Nadelhölzer (Koniferen) und übrigen Gymnospermen** von *F. W. Neger †* und *E. Münch †*. 4. Auflage, durchgesehen und ergänzt von *B. Huber*. 140 Seiten, 75 Figuren, 4 Tabellen, 3 Karten. 1952. (355)

**Pflanzenzüchtung** von *H. Kuckuck*. 2 Bände.

I: Grundzüge der Pflanzenzüchtung. 3., völlig umgearbeitete und erweiterte Auflage. 132 Seiten, 22 Abbildungen. 1952. (1134)

II: Spezielle gartenbauliche Pflanzenzüchtung (Züchtung von Gemüse, Obst und Blumen). 178 Seiten, 27 Abbildungen. 1957. (1178/1178a)

## Zoologie

**Entwicklungsphysiologie der Tiere** von *F. Seidel*. 2 Bände.

I: Ei und Furchung. 126 Seiten, 29 Abbildungen. 1953. (1162)

II: Körpergrundgestalt und Organbildung. 159 Seiten, 42 Abbildungen. 1953. (1163)

**Das Tierreich**

I: Einzeller, Protozoen von *E. Reichenow*. 115 Seiten, 59 Abbildungen. 1956. (444)

II: Schwämme und Hohltiere von *H. J. Hannemann*. 95 Seiten, 80 Abbildungen. 1956. (442)

III: Würmer. Platt-, Hohl-, Schnurwürmer, Kamptozoen, Ringelwürmer, Protracheaten, Bärtierchen, Zungenwürmer von *S. Jaeckel*. 114 Seiten, 36 Abbildungen. 1955. (439)

IV, 1: Krebse von *H. E. Gruner* und *K. Deckert*. 114 Seiten, 43 Abbildungen. 1956. (443)

IV, 2: Spinnentiere (Trilobitomorphen, Fühlerlose) und Tausendfüßler von *A. Kaestner*. 96 Seiten, 55 Abbildungen. 1955. (1161)

IV, 3: Insekten von *H. von Lengerken*. 128 Seiten, 58 Abbildungen. 1953. (594)

V: Weichtiere. Urmollusken, Schnecken, Muscheln und Kopffüßer von *S. Jaeckel*. 92 Seiten, 34 Abbildungen. 1954. (440)

VI: Stachelhäuter. Tentakulaten, Binnenatmer und Pfeilwürmer von *S. Jaeckel*. 100 Seiten, 46 Abbildungen. 1955. (441)

VII, 2: Fische von *D. Lüdemann*. 130 Seiten, 65 Abbildungen. 1955. (356)

VII, 3: Lurche (Chordatiere) von *K. Herter*. 143 Seiten, 129 Abbildungen. 1955. (847)

VII, 4: Kriechtiere (Chordatiere) von *K. Herter*. 200 Seiten, 142 Abbildungen. 1960. (447/447a)

VII, 5: Vögel (Chordatiere) von *H.-A. Freye*. 156 Seiten, 69 Abbildungen. 1960. (869)

VII, 6: Säugetiere (Chordatiere) von *Th. Haltenorth*. In Vorbereitung. (282)

## Land- und Forstwirtschaft

**Landwirtschaftliche Tierzucht.** Die Züchtung und Haltung der landwirtschaftlichen Nutztiere von *H. Vogel*. 139 Seiten, 11 Abbildungen. 1952. (228)

**Kulturtechnische Bodenverbesserungen** von *O. Fauser.* 2 Bände. 5., verbesserte und vermehrte Auflage.
I: Allgemeines, Entwässerung. 127 Seiten, 49 Abbildungen. 1959. (691)
II: Bewässerung, Ödlandkultur, Umlegung. 159 Seiten, 67 Abbildungen. 1961. (692)

**Agrikulturchemie** von *K. Scharrer.* 2 Bände.
I: Pflanzenernährung. 143 Seiten. 1953. (329)
II: Futtermittelkunde. 192 Seiten. 1956. (330/330 a)

# Geologie, Mineralogie, Kristallographie

**Geologie** von *F. Lotze.* 2., verbesserte Auflage. 163 Seiten, 80 Abbildungen. 1961. (13)

**Mineral- und Erzlagerstättenkunde** von *H. Huttenlocher †.* 2 Bände.
I: 128 Seiten, 34 Abbildungen. 1954. (1014)
II: 156 Seiten, 48 Abbildungen. 1954. (1015/1015 a)

**Allgemeine Mineralogie.** 10., erweiterte Auflage der „Mineralogie" von *R. Brauns †,* bearbeitet von *K. F. Chudoba.* 120 Seiten, 120 Figuren, 1 Tafel, 3 Tabellen. 1958. (29)

**Spezielle Mineralogie.** 10., erweiterte Auflage der „Mineralogie" von *R. Brauns †,* bearbeitet von *K. F. Chudoba.* 170 Seiten, 125 Figuren, 4 Tabellen. 1959. (31/31 a)

**Petrographie** (Gesteinskunde) von *W. Bruhns †.* Neubearbeitet von *P. Ramdohr.* 5., erweiterte Auflage. 141 Seiten, 10 Figuren. 1960. (173)

**Kristallographie** von *W. Bruhns †.* 5. Auflage, neubearbeitet von *P. Ramdohr.* 109 Seiten, 164 Abbildungen. 1958. (210)

**Einführung in die Kristalloptik** von *E. Buchwald.* 4., verbesserte Auflage. 138 Seiten, 121 Figuren. 1952. (619)

**Lötrohrprobierkunde.** Mineraldiagnose mit Lötrohr- und Tüpfelreaktion. Von *M. Henglein.* 4., verbesserte Auflage. 91 Seiten, 11 Figuren. 1961. (483)

# Technik

**Graphische Darstellung in Wissenschaft und Technik** von *M. Pirani.* 3., erweiterte Auflage bearbeitet von *J. Fischer* unter Benutzung der von *I. Runge* besorgten 2. Auflage. 216 Seiten, 104 Abbildungen. 1957. (728/728 a)

**Technische Tabellen und Formeln** von *W. Müller.* 5., verbesserte und erweiterte Auflage von *E. Schulze.* 1961. In Vorbereitung. (579)

# Elektrotechnik

**Grundlagen der allgemeinen Elektrotechnik** von *O. Mohr.* 2., durchgesehene Auflage. 260 Seiten, 136 Bilder, 14 Tafeln. 1961. (196/196 a)

**Die Gleichstrommaschine** von *K. Humburg.* 2 Bände. 2., durchgesehene Auflage.
I: 102 Seiten, 59 Abbildungen. 1956. (257)
II: 101 Seiten, 38 Abbildungen. 1956. (881)

**Die synchrone Maschine** von *K. Humburg.* Neudruck. 109 Seiten, 78 Abbildungen. 1951. (1146)

**Induktionsmaschinen** von *F. Unger.* 2., erweiterte Auflage. 142 Seiten, 49 Abbildungen. 1954. (1140)

**Die komplexe Berechnung von Wechselstromschaltungen** von *H. H. Meinke.* 2. Auflage. 180 Seiten, 120 Abbildungen. 1957. (1156/1156 a)

**Theoretische Grundlagen zur Berechnung der Schaltgeräte** von *F. Kesselring.* 3. Auflage. 144 Seiten, 92 Abbildungen. 1950. (711)

**Einführung in die Technik selbsttätiger Regelungen** von *W. zur Megede.* 2., durchgesehene Auflage. 176 Seiten, 86 Abbildungen. 1961. (714/714 a)

**Elektromotorische Antriebe** (Grundlagen für die Berechnung) von *A. Schwaiger.* 3., neubearbeitete Auflage. 96 Seiten, 34 Abbildungen. 1952. (827)

**Überspannungen und Überspannungsschutz** von *G. Frühauf.* Durchgesehener Neudruck. 122 Seiten, 98 Abbildungen. 1950. (1132)

## Maschinenbau

**Metallkunde** von *H. Borchers.* 2 Bände.
I: Aufbau der Metalle und Legierungen. 4. Auflage. 120 Seiten, 90 Abbildungen, 2 Tabellen. 1959. (432)
II: Eigenschaften, Grundzüge der Form- und Zustandsgebung. 3. und 4. Auflage. 179 Seiten, 107 Abbildungen, 10 Tabellen. 1959. (433/433 a)

**Die Werkstoffe des Maschinenbaues** von *A. Thum †* und *C. M. v. Meysenbug.* 2 Bände.
I: Einführung in die Werkstoffprüfung. 2., neubearbeitete Auflage. 100 Seiten, 7 Tabellen, 56 Abbildungen. 1956. (476)
II: Die Konstruktionswerkstoffe. 132 Seiten, 40 Abbildungen. 1959. (936)

**Dynamik** von *W. Müller.* 2 Bände. 2., verbesserte Auflage.
I: Dynamik des Einzelkörpers. 128 Seiten, 48 Figuren. 1952. (902)
II: Systeme von starren Körpern. 102 Seiten, 41 Figuren. 1952. (903)

**Technische Schwingungslehre** von *L. Zipperer.* 2 Bände. 2., neubearbeitete Auflage.
I: Allgemeine Schwingungsgleichungen, einfache Schwinger. 120 Seiten, 101 Abbildungen. 1953. (953)
II: Torsionsschwingungen in Maschinenanlagen. 102 Seiten, 59 Abbildungen. 1955. (961/961 a)

**Werkzeugmaschinen für Metallbearbeitung** von *K. P. Matthes.* 2 Bände.
I: 100 Seiten, 27 Abbildungen, 11 Zahlentafeln, 1 Tafelanhang. 1954. (561)
II: Fertigungstechnische Grundlagen der neuzeitlichen Metallbearbeitung. 101 Seiten, 30 Abbildungen, 5 Tafeln. 1955. (562)

**Transformatoren** von *W. Schäfer.* 3., überarbeitete und ergänzte Auflage. 130 Seiten, 73 Abbildungen. 1957. (952)

**Das Maschinenzeichnen mit Einführung in das Konstruieren** von *W. Tochtermann.* 2 Bände. 4. Auflage.
I: Das Maschinenzeichnen. 156 Seiten, 75 Tafeln. 1950. (589)
II: Ausgeführte Konstruktionsbeispiele. 130 Seiten, 58 Tafeln. 1950. (590)

**Die Maschinenelemente** von *E. A. vom Ende.* 3., verbesserte Auflage. 166 Seiten, 175 Figuren, 9 Tafeln. 1956. (3/3 a)

**Die Maschinen der Eisenhüttenwerke** von *L. Engel*. 156 Seiten, 95 Abbildungen. 1957. (583/583a)

**Walzwerke** von *H. Sedlaczek* † unter Mitarbeit von *F. Fischer* und *M. Buch*. 232 Seiten, 157 Abbildungen. 1958. (580/580a)

**Getriebelehre** von *P. Grodzinski* †. 2 Bände.
I: Geometrische Grundlagen. 3., neubearbeitete Auflage von *G. Lechner*. 164 Seiten, 131 Figuren. 1960. (1061)

**Gießereitechnik** von *H. Jungbluth*. 2 Bände.
I: Eisengießerei. 126 Seiten, 44 Abbildungen. 1951. (1159)

**Die Dampfturbinen.** Ihre Wirkungsweise, Berechnung und Konstruktion von *C. Zietemann*. 3 Bände. 3., verbesserte Auflage.
I: Theorie der Dampfturbinen. 139 Seiten, 48 Abbildungen. 1955. (274)
II: Die Berechnung der Dampfturbinen und die Konstruktion der Einzelteile. 132 Seiten, 111 Abbildungen. 1956. (715)
III: Die Regelung der Dampfturbinen, die Bauarten, Turbinen für Sonderzwecke, Kondensationsanlagen. 126 Seiten, 90 Abbildungen. 1956. (716)

**Verbrennungsmotoren** von *W. Endres*. 3 Bände.
I: Überblick. Motor-Brennstoffe. Verbrennung im Motor allgemein, im Otto- und Diesel-Motor. 153 Seiten, 57 Abbildungen. 1958. (1076/1076a)
II: Die heutigen Typen der Verbrennungskraftmaschine. In Vorbereitung. (1184)
III: Die Einzelteile des Verbrennungsmotors. In Vorbereitung. (1185)

**Autogenes Schweißen und Schneiden** von *H. Niese*. 5. Auflage, neubearbeitet von *A. Küchler*. 136 Seiten, 71 Figuren. 1953. (499)

**Die elektrischen Schweißverfahren** von *H. Niese*. 2. Auflage, neubearbeitet von *H. Dienst*. 136 Seiten, 58 Abbildungen. 1955. (1020)

**Die Hebezeuge.** Entwurf von Winden und Kranen von *G. Tafel*. 2., verbesserte Auflage. 176 Seiten, 230 Figuren. 1954. (414/414a)

## Wasserbau

**Wasserkraftanlagen** von *A. Ludin* unter Mitarbeit von *W. Borkenstein*. 2 Bände.
I: Planung, Grundlagen und Grundzüge. 124 Seiten, 60 Abbildungen. 1955. (665)
II: Anordnung und Ausbildung der Hauptbauwerke. 184 Seiten, 91 Abbildungen. 1958. (666/666a)

**Verkehrswasserbau** von *H. Dehnert*. 3 Bände.
I: Entwurfsgrundlagen, Flußregelungen. 103 Seiten, 52 Abbildungen. 1950. (585)
II: Flußkanalisierung und Schiffahrtskanäle. 94 Seiten, 60 Abbildungen. 1950. (597)
III: Schleusen und Hebewerke. 98 Seiten, 70 Abbildungen. 1950. (1152)

**Wehr- und Stauanlagen** von *H. Dehnert*. 134 Seiten, 90 Abbildungen. 1952. (965)

**Talsperren** von *F. Tölke*. 122 Seiten, 70 Abbildungen. 1953. (1044)

## Hoch- und Tiefbau

**Die wichtigsten Baustoffe des Hoch- und Tiefbaus** von *O. Graf †*. 4., verbesserte Auflage. 131 Seiten, 63 Abbildungen. 1953. (984)

**Baustoffverarbeitung und Baustellenprüfung des Betons** von *A. Kleinlogel*. 2., neubearbeitete und erweiterte Auflage. 126 Seiten, 35 Abbildungen. 1951. (978)

**Festigkeitslehre.** 2 Bände.
I: Elastizität, Plastizität und Festigkeit der Baustoffe und Bauteile von *W. Gehler †* und *W. Herberg*. Durchgesehener und erweiterter Neudruck. 159 Seiten, 118 Abbildungen. 1952. (1144)
II: Formänderung, Platten, Stabilität und Bruchhypothesen von *W. Herberg* und *N. Dimitrov*. 187 Seiten, 94 Abbildungen. 1955. (1145/1145a)

**Grundlagen des Stahlbetonbaus** von *A. Troche*. 2., neubearbeitete und erweiterte Auflage. 208 Seiten, 75 Abbildungen, 17 Bemessungstafeln, 20 Rechenbeispiele. 1953. (1078)

**Statik der Baukonstruktionen** von *A. Teichmann*. 3 Bände.
I: Grundlagen. 101 Seiten, 51 Abbildungen, 8 Formeltafeln. 1956. (119)
II: Statisch bestimmte Stabwerke. 107 Seiten, 52 Abbildungen, 7 Tafeln. 1957. (120)
III: Statisch unbestimmte Systeme. 112 Seiten, 34 Abbildungen, 7 Formeltafeln. 1958. (122)

**Fenster, Türen, Tore** aus Holz und Metall. Eine Anleitung zu ihrer guten Gestaltung, wirtschaftlichen Bemessung und handwerksgerechten Konstruktion von *W. Wickop †*. 4., überarbeitete und ergänzte Auflage. 155 Seiten, 95 Abbildungen. 1955. (1092)

**Heizung und Lüftung** von *W. Körting*. 2 Bände. 9., neubearbeitete Auflage.
I: Das Wesen und die Berechnung der Heizungs- und Lüftungsanlagen. 1961. In Vorbereitung. (342)
II: Die Ausführung der Heizungs- und Lüftungsanlagen. 1961. In Vorbereitung. (343)

**Industrielle Kraft- und Wärmewirtschaft** von *F. A. F. Schmidt* und *A. Beckers*. 167 Seiten, 73 Abbildungen. 1957. (318/318a)

## Vermessungswesen

**Vermessungskunde** von *P. Werkmeister*. 3 Bände.
I: Stückvermessung und Nivellieren. 10., völlig neubearbeitete Auflage von *W. Grossmann*. 143 Seiten, 117 Figuren. 1958. (468)
II: Horizontalaufnahmen und ebene Rechnungen. 8., völlig neubearbeitete Auflage von *W. Grossmann*. 133 Seiten, 97 Figuren. 1959. (469)
III: Trigonometrische und barometrische Höhenmessung. Tachymetrie und Absteckungen. 7., völlig neubearbeitete Auflage von *W. Grossmann*. 136 Seiten, 97 Figuren. 1960. (862)

**Photogrammetrie** von *G. Lehmann*. 189 Seiten, 132 Abbildungen. 1959. (1188/1188a)

## Sammlung Göschen / Bandnummernfolge

1 Langosch, Der Nibelunge Nôt
3/3a v. Ende, Maschinenelemente
10 Jiriczek-Wisniewski, Kudrun-und Dietrich-Epen
13 Lotze, Geologie
18 Maurer, Hartmann von Aue. Der arme Heinrich
19 Altheim, Römische Geschichte I
20 Hofstaetter, Dt. Sprachlehre
22 Maurer, Gottfried von Strassburg
29 Brauns-Chudoba, Allg. Mineralog.
31/31a Brauns-Chudoba, Spez. Mineralogie
35 Treue, Dt. Geschichte von 1648 bis 1740
37 Klemm, Anorganische Chemie
38/38a Schlenk, Organische Chemie
39 Treue, Dt. Geschichte von 1713 bis 1806
42 Behn, Vorgeschichte Europas
44 Kresze, Physikalische Methoden der organischen Chemie
47 Fischer-Rohrbach, Arithmetik
51/51a Ringleb, Mathem. Formelslg.
52 Bieler, Röm. Literaturgesch. I
59 Krahe, Indog. Sprachwiss. I
60 Biehle, Stimmkunde
61 Biehle, Redetechnik
64 Krahe, Indog. Sprachwiss. II
65/65a Grotemeyer, Analyt. Geomet.
66 Berneker-Vasmer, Russische Grammatik
70 Nestle-Liebich, Gesch. d. griech. Literatur I
71 Schulze, Allgemeine und physikalische Chemie I
76 Döring, Einf. i. d. th. Physik I
77 Döring, Einf. i. d. th. Physik II
78 Döring, Einf. i. d. th. Physik III
79 Hempel, Got. Elementarbuch
80 Weigert, Stilkunde I
81 Schubert-Haussner-Erlebach, Vierstell. Logarithmentafeln
86 Barner, Differential- u. Integralrechn. I
96 Hartmann, Einf. in die allgem. Biologie
99 Hessenberg-Kneser, Ebene und sphär. Trigonometrie
101 v. Wiese, Soziologie
103 Dahrendorf, Industrie- und Betriebssoziologie
104/104a Hofstätter, Sozialpsycholog.
111 Hoffmann-Debrunner, Gesch. der griechischen Sprache I
114 Debrunner, Gesch. der griechisch. Sprache II
117 Brandenstein, Griechische Sprachwissenschaft I
118/118a Brandenstein, Griechische Sprachwissenschaft II
119 Teichmann, Statik der Baukonstruktionen I
120 Teichmann, Statik der Baukonstruktionen II
122 Teichmann, Statik der Baukonstruktionen III
125 Vossler-Noyer-Weidner, Ital. Literaturgeschichte
128/128a Lausberg, Romanische Sprachwissenschaft I
136 Mahler, Physikal. Formelslg.
141 Geitler, Morphologie der Pflanzen
142 Haack, Darstellende Geometrie I
143 Haack, Darstellende Geometrie II
144 Haack, Darstellende Geometrie III
145 Weimer, Gesch. der Pädagogik
148 Kolms, Finanzwissenschaft I
156/156a Landmann, Philosophische Anthropologie
170 Oehlmann, Musik des 19. Jhs.
171/171a Oehlmann, Musik des 20. Jhs.
173 Bruhns-Ramdohr, Petrographie
180 Böhm, Versicherungsmathem. I
184 Blümcke, Textilindustrie I
196/196a Mohr, Grundlagen der Elektrotechnik
200/200a Gottschald, Dt. Rechtschreibungswörterbuch
210 Bruhns-Ramdohr, Kristallogr.
220/220a Moser, Allg. Musiklehre
221/221a Jander-Jahr, Maßanalyse
222 Hassak-Beutel-Kutzelnigg, Warenkunde I
223 Hassak-Beutel-Kutzelnigg, Warenkunde II
226 Hofmann, Gesch. d. Mathem. I
228 Vogel, Landw. Tierzucht
231/231a Ehrlich, Geschichte Israels
238 Krahe, German. Sprachwiss. I
243 Mahler, Physikal. Aufgabenslg.
247/247a Hofmann-Jander, Qualitative Analyse

## BANDNUMMERNFOLGE

684 Altheim, Röm. Geschichte IV
691 Fauser, Kulturtechn. Bodenverbesserungen I
692 Fauser, Kulturtechn. Bodenverbesserungen II
698/698 a Schulze, Allgemeine und physikalische Chemie II
703 Knopp, Funktionentheorie II
709 Lehmann, Philosophie d. 19. Jh. II
711 Kesselring, Berechnung der Schaltgeräte
714/714 a zur Megede, Technik selbsttätiger Regelungen
715 Zietemann, Dampfturbinen II
716 Zietemann, Dampfturbinen III
718 Neger-Münch, Laubhölzer
728/728 a Pirani-Fischer, Graph. Darstellung in Wissensch. u. Technik
735 Ekwall, Historische neuengl. Laut- und Formenlehre
746/746 a Pfanzagl, Allg. Methodenlehre der Statistik I
747/747 a Pfanzagl, Allg. Methodenlehre der Statistik II
756/756 a Kalitsunakis, Grammatik der Neugriechischen Volkssprache
763/763 a Beer-Meyer, Hebräische Grammatik I
764/764 a Beer-Meyer, Hebräische Grammatik II
768/768 a Bieberbach, Einführung in die konforme Abbildung
769/769 a Beer-Meyer, Hebr. Textbuch
776 Kolms, Finanzwissenschaft III
780 Krahe, German. Sprachwiss. II
781 Weigert, Stilkunde II
782 Kolms, Finanzwissenschaft IV
786 Schulze, Molekülbau
807 Kropp, Erkenntnistheorie
809 Moser, Harmonielehre I
826 Koch, Philosophie des Mittelalters
827 Schwaiger, Elektromotorische Antriebe
831 Erismann, Allg. Psychologie I
832/832 a Erismann, Allg. Psychologie II
833 Erismann, Allg. Psychologie III
837 Baumgartner, Gruppentheorie
845 Lehmann, Philosophie im ersten Drittel des 20. Jahrhunderts I
847 Herter, Lurche
850 Lehmann, Philosophie im ersten Drittel des 20. Jahrhunderts II
851/851 a Moede, Psychologie des Berufs- und Wirtschaftslebens
857 Capelle, Griech. Philosophie I
858 Capelle, Griech. Philosophie II
859 Capelle, Griech. Philosophie III
862 Werkmeister-Grossmann, Vermessungskunde III
863 Capelle, Griech. Philosophie IV
866 Bieler, Röm. Literaturgesch. II
869 Freye, Vögel
875 Hofmann, Geschichte der Mathematik II
877 Knopp, Aufgabensammlung zur Funktionentheorie I
878 Knopp, Aufgabensammlung zur Funktionentheorie II
881 Humburg, Gleichstrommasch. II
882 Hofmann, Gesch. d. Mathematik III
893 Treue, Dt. Geschichte von 1807 bis 1890
894 Treue, Dt. Geschichte von 1890 bis zur Gegenwart
902 Müller, Dynamik I
903 Müller, Dynamik II
910 Jaeger, Afrika I
911 Jaeger, Afrika II
915 Sperber-Fleischhauer, Geschichte der Deutschen Sprache
917/917 a Böhm, Versicherungsmathematik II
920 Hoheisel, Gewöhnliche Differentialgleichungen
921 Jantzen-Kolb, W. v. Eschenbach. Parzival
929 Schirmer-Mitzka, Dt. Wortkunde
930 Krull, Elementare und klassische Algebra I
931 Hasse, Höhere Algebra I
932 Hasse, Höhere Algebra II
933 Krull, Elementare und klassische Algebra II
936 Thum-Meysenbug, Werkstoffe des Maschinenbaues II
952 Schäfer, Transformatoren
953 Zipperer, Techn. Schwingungsl. I
961/961 a Zipperer, Techn. Schwingungslehre II
965 Dehnert, Wehr- und Stauanlagen

# Autorenregister

## AUTORENREGISTER

FSC
www.fsc.org
MIX
Papier | Fördert gute Waldnutzung
FSC® C083411

Zeitfracht Medien GmbH
Ferdinand-Jühlke-Straße 7
99095 Erfurt, Deutschland
produktsicherheit@kolibri360.de